Capstone Design을 위한

Motor Driver 설계와 제작

이정우

도서출판 GS인터비전

머리말

책은 학부 수준에서 모터를 전문적으로 공부하지 않는 경우 졸업 작품이나 종합 설계 등에서 모터를 구동하고자 하는 학생들을 위하여 모터의 종류와 특징, 모터 드라이버의 설계와 모터 제어 Software등을 설명한 것이다. 따라서 이 책을 공부하기 위해서는 모터의 모델링이나 전자기학에 관한 깊은 지식을 요하지 않으며, 단지 교양 물리에서 배우는 전자기학과 관련된 물리 현상에 관한 이해만 있으면 모터를 구동할 수 있도록 하는 것이 이 책의 목적이다. 조금 더 필요한 지식이 있다면 모터를 구동하는 전자 회로를 제작하여야하므로 전기전자 개론 수준의 전자적인 지식, 그리고 컴퓨터 프로그램, 특히 C언어에 대한 기초적인 지식만 있으면 모터를 구동 할 수 있도록 가능하면 쉽게 설명하기 위하여 노력하였다.

이 책에서 정리하는 내용은 자동제어나 신호 처리, 마이크로프로세서, 에너지 변환과 관련한 책들에서 찾아 볼 수 있는 내용은 제외하였다. 그러한 내용은 관련된 교과서를 읽는 것으로도 많은 지식을 얻을 수 있다. 이 책에서 다루려는 내용은 그러한 교과서에서 다루지 않는 실무적인 내용이다. 이론을 학습하고 난 후에 실제로 무언가를 설계하거나 만들고자할 때 부족한 내용을 이 책에서 다루고 있다. 따라서 제어이론과 관련되는 부분은 자동제어 교과서, 신호 처리와 관련된 부분은 신호 처리 교과서, 모터 제어 이론에 관련된 것은 관련된 교과서를 참조하여야 한다. 이 책에서 다루려는 내용은 모터제어와 모터 드라이버 설계와 제작에 관련된 실제적인 내용이다.

요즈음 공학교육 인증이 일반화 되면서 공학교육 인증에서 요구하는 Capstone Design을 거의 모든 대학에서 실시하고 있으며, 매년 Capstone Design경진대회가 대규모로 개최되고 있다. Capstone Design에 출품되는 작품들을 보면 매우 다양한 형태의 작품들이 전시되고 있는데, 그중에서도 기계공학과 전기전자 공학이 결합된 메카트로닉스 분야의 작품이 상당 부분을 차지하고 있으며, 그 중에는 모터를 이용하여 움직이는 작품들이 많다. 이러한 작품들을 제작한 학생들이 겪는 고충중의 하나는 기계부품의 설계와 가공, 전기전자회로의 설계와 제작, 프로그래밍 등이 결합되어있기 때문에 폭넓은 지식이 요구되고 많은 시간이 소요된다는 것이다. 이 책은 이러한 학생들이 모터의 제어를 가장 손쉽게 해결하도록 도와준다. 다시 한번 분명히 지적하지만 이 책은 모터를 전공하지 않는 학생들을 위한 것이다. 모터의 설계와 제어를 공부하는 학생들이라면 보다 이론적인 깊이가 있는 책들을 참고해야할 것이다. 이 책은 모터를 전공하지 않거나, 취미로 모터를 이용하는 사람들을 위한 것이다.

이 책이 다루고 있는 모터는 Capstone Design 설계시 자주 사용되지 않는 유도 전동기와 대용량의 모터 제어는 제외하였다. 그리고 동적인 제어를 하지 않는 모터는 제외하였다. 따라서 이 책에서 다루는 모터는 DC 서보모터, 스텝모터, BLDC 모터, AC 서보모터 에 한정하여 다루었으며, 모터와 관련된 센서도 제한적으로 설명하였다. 선형 모터(Linear Motor)의 경우에도 특별한 경우이기 때문에 이 책의 내용에서 제외하였다.

이 책에서는 가능한 한 이론적인 배경이 없어도 모터를 사용하거나 구동할 수 있도록 설명하였다. 따라서 수학적인 모델의 사용은 가능한 한 배제하도록 노력하였으나, 불가피한 경우에는 간단한 수학적인 모델을 사용하였다. 가능하면 오류가 없도록 노력하였으나 간혹 저자의 부족한 지식 때문에 잘못 설명한 부분이 있을 수 있다. 이러한 부분은 독자들의 지적을 수용할 것이다.

2010년 5월

차 례

Chapter 1

구동기(Actuator)의 선정

움직이는 작품을 만들기 위해서는 무언가 움직임을 발생 시키는 구동원이 있어야 한다. 이러한 구동원의 종유는 실로 많은 종류가 있다. 공장 자동화에서 많이 사용되는 공압 실린더를 비롯하여, 작으면서도 큰 힘을 낼 수 있는 유압 실린더 등이 공장에서, 혹은 자동차등에서 빈번하게 관찰 할 수 있다. 전기 모터도 이러한 구동기의 하나이다. 이러한 구동기 들은 각기 나름대로의 특징을 가지고 있기 때문에 자신의 특징을 잘 나타낼 수 있는 곳에 사용된다.

1.1 구동기의 종류와 특징

자동으로 문을 열고 닫는 자동문의 경우를 살펴보자. 버스의 자동문은 공압을 이용하여 구동된다. 하지만 전철역에서 쉽게 볼 수 있는 안전문은 모터를 이용하여 구동된다. 버스의 경우에는 이미 자체에서 압축공기를 사용하고 있기 때문에 공압 실린더를 이용하기 위하여 따로 압축공기를 만들 필요가 없기 때문에 내환경성이 좋고, 비교적 저렴한 가격에 구현할 수 있는 공압 구동기를 이용하여 자동문을 열고 닫는 것이 유리하다. 그러나 이렇게 공압 구동기를 사용하기 때문에 소음 억제기를 부착하여도 압축공기를 공급하고 빼내는 소리가 발생하게 된다. 이러한 소리는 고속버스의 문을 열고 닫을 때마다 들을 수 있다. 반면에 엘리베이터 문이나 전철 역사의 안전문을 열고 닫을 때에는 모터를 이용하는 것이 유리하다. 왜냐하면 엘리베이터나 전철 역사에는 공압 실린더를 이용하기 위한 압축공기 발생장치(Compressor)가 없고, 문을 열고 닫을 때마다 발생하는 소음도 문제가 되기 때문이다. 이와 같이 문을 열고 닫는 동일한 목적이라고 하더라도 주변의 상황에 따라 구동기의 선정이 달라지게 되는 것이다.

다음 표 1.1에는 대표적인 구동기의 특징을 비교하였다. 이 표에서 비교한 구동기의 특징은 구동기의 모든 특징을 나타내지는 못하였다. 표1.1에서 서보형 이라고 말한 것은 위치나 속도를 제어하는 형태를 말한다. 서보형 동작을 하기위해서는 유공압의 경우에는 서보 밸브를 사용하거나 비례밸브를 사용하게 되는데 이러한 밸브의 가격은 수백만원을 넘는 경우가 대부분이다. 그러나 전기기계식으로 구동되는 모터를 사용하는 방법은 서보 제어기 혹은 서보팩(Servo Pack)이라고 불리는 장치를 사용하면 모터의 크기에 따라 수십만원 혹은 1-2백만원 선에서 비교적 쉽게 해결된다. 실제로 서보형의 동작이 필요한 경우에 모터를 사용하는 이유가 서보형 동작이 모터의 경우에는 비교적 쉽다는 것이다. 이러한 서보형 동작을 가능하게 해주는 서보 드라이버의 설계와 제작이 이 책의 주 목적이다.

표 1.1에서 시퀀스 동작이라는 표현의 뜻은 리미트 스위치나 누름 버튼 스위치 등에 의해 유압 실린더가 전진하거나 후진하는 등의 동작을 말한다. 유공압 시스템에서는 구동기가 이러한 동작을 하기 위해서는 솔레노이드 밸브라는 것이 이용된다. 하지만 모터의 경우에는 모터의 정역전을 시키기 위하여 (DC모터의 경우)모터에 전류를 반대 방향으로 흘려주는 것으로 끝난다. 다른 모터의 경우에도 모터의 정역전을 위해서는 거의 비용이 소요되지 않는다. 이것이 모터를 구동기로 사용하는 또 하나의 이유이다.

모터를 구동기로 이용하는 경우의 문제점으로 볼 수 있는 것은 모터의 동작이 전기전자적인 회로와 프로그램에 의해서 동작되고, 모터의 회전 토크나 회전 속도를 제어하기위하여 펄스폭 변조(Pulse Width Modulation, PWM)를 사용하기 때문에 전자기적 잡음(Noise)가 발생하기 쉽다. 또한 외부의 전자기적인 노이즈에 의하여 오동작할 가능성이 다른 고동 방식보다는 높다는 것이다.

실제로 구동기를 이용하여 시스템을 설계해 나가는 동안에 여러 가지의 설계평가요소에 따라 구동기의 선정이 달라 질 수 있다. 대표적인 설계평가요소로는 전체 시스템의 크기와 원가, 그리고 구동기의 동특성 등을 들 수 있다. 구동기를 선정하는 일반적인 원칙을 말하기는 어렵다. 왜냐하면 사용하는 구동기에 따라 시스템의 특성이 변하기 때문에 목표로 하는 시스템의 특성을 구현하기 위한 노력은 설계자에게 달려 있다고 말할 수 있다. 예를 들면 프레스를 설계하는 경우, 유압실린더를 사용하면 유압구동기가 가지는 특징을 가진 유압식 프레스가 설계되며, 공압 실린더를 이용하여 설계하면 공압 구동기가 가지는 일반적인 특성을 가지는 공압 프레스가 설계된다.

표 1.1 유공압 구동기와 전기기계식 구동기의 비교.

구 분	공압식	유압식	전기기계식	비 고
구동기의 종류	• 공압 실린더 • 공압 모터	• 유압 실린더 • 유압 모터	• 유도 전동기 • DC Motor • BLDC Motor • AC Servo Motor	
특징	• 유압 보다 빠른 동작이 가능. • 구동기의 윤활이 필요함.	• 공압 보다 큰힘을 발생됨 • 구동기의 자연적인 윤활	• 빠른 동특성 • 정숙한 운전 • 소형으로 구현 가능 • 큰힘을 생시키는 데에는 불리.	
서보형 동작	• 공압 서보 밸브(고가)사용	• 유압 서보 밸브(고가)사용	• 서보 드라이버 (비교적 저렴)사용	
시퀀스 동작	• 공압 솔레노이드 밸브 사용	• 유압 솔레노이드 밸브 사용	• 릴레이/스위치 사용	
시퀀스 동작 제어	• PLC가 대부분.	• PLC가 대부분.	• PLC/마이크로 프로세서	
소음	• 구동기 구동시마다 소음. • 공압 유니트의 소음	• 구동기의 소음은 적음. • 유압 유니트의 소음	• 브러시 있는 경우에는 브러시 마찰음. 브러시 없는 모터의 경우에는 베어링에서 작은 소음 발생	
부대 장치	• 공압 유니트	• 유압 유니트	• 전원 공급기 (Power Supply)	
전자기 장애	• 전자기 장애에 비교적 둔감	• 전자기 장애에 비교적 둔감	• 전자기적 소음 발생 • 전자기 장애에 비교적 민감.	
가격	• 시퀀스 동작의 경우 저렴하게 구현 가능. • 서보형의 경우 고가.	• 시퀀스 동작의 경우 비교적 저렴. • 서보형 동작의 경우에는 고가.	• 시퀀스 동작의 경우 릴레이등 사용함. • 서보형 동작의 경우 비교적 저렴하게 구현 가능.	

직선 동작	• 공압 실린더 사용	• 유압 실린더 사용	• 회전 운동을 직선운동으로 전환하기 위한 나사 혹은 볼 스크루등 필요.	
회전 동작	• 공압 모터 사용하여 1000 rpm이상 고속 회전에서 유리	• 유압 모터, 저속에서 큰 토크 발생에 유리	• 모터의 회전 속도가 낮은 경우 회전력(토크)이 낮은 경우 많음. 감속기 사용이 보편적임.	
내환경성	• 내환경성 좋음.	• 내환경성 좋음.	• 내환경성은 주로 모터를 구동하는 구종기의 IC에 의하여 제한됨.	
기 타	• 구동기 소음빈번	• 기름누출 가능	• 감전유의	

전기 모터를 이용하여 설계하는 경우에는 기계식 프레스라고 불리우는 프레스가 구현되지만 모터가 회전하는 에너지를 전달하는 방법에 따라 크랭크식 프레스가 설계되기도 하고, 스크루식 프레스가 설계되기도 한다. 실제로 이러한 프레스들이 제작되어 판매되고 있다. 이렇게 어떤 시스템을 설계하는 경우 여러 가지의 구동기를 사용할 수 있으며, 사용하는 구동기의 종류에 따라 시스템의 특징이 달라지기 때문에 어떠한 시스템을 설계하는 경우에는 어떠한 구동기가 가장 적합하다는 식의 단정적인 추론은 불가능하다고 보인다.

1.2 모터의 종류와 특징

이 책에서는 펌프에 사용되는 모터처럼 전기만 투입하면 일정 속도로 회전하는 모터는 대상에서 제외하였다. 따라서 이 책에서는 토크나 속도를 가변할 수 있고, 회전 위치 제어가 가능한 제어용모터를 대상으로 한다. 이러한 모터의 종류의 종류와 특징을 표 1.2에 요약하였다.

모터 제어에 익숙하지 않은 학생이나 초보 입문자들은 대부분 스텝모터(Step Motor)가 가장 제어하기가 쉽기 때문에 스텝모터를 제어해보는 것으로 모터제어에 입문하는 것이 보통이다. 어떤 학생들은 스텝모터가 가장 제어하기가 쉽다고 말하는 경우도 있다. 그러나 이 말은 2장 스텝모터에 한정된 것이다. 사실 스텝모터의 경우에 보통 수백 rpm이 회전 속도의 한계라고 알려져 있으나 특별한 경우(Compumotor가 대표적임)에는 수천 rpm 이상으로 회전하는 경우도 있으며, 소음도 거의 발생하지 않는 경우가 있다. 사실 스텝모터를 소음 없이 고속으로 회전 시키는 것은 AC Servo Motor를 구동하는 것보다 어려울 것이다.

이러한 스텝모터는 모터의 무게대 토크비가 높다. 다시 말하면 같은 무게의 모터로 발생 시킬 수 있는 토크가 적다는 단점이 있다는 것이다. 따라서 스텝모터를 무게가 민감한 모형 헬기나 비행기 혹은 자동차 구동에 사용하는 것은 문제가 있다(단순하게 구동하기 위하여 모형 자동차에 스텝모터를 사용하는 경우가 있으나 모터의 무게 때문에 주행 성능이 덜어지게 된다). 스텝모터의 최대 특징은 회전 위치 센서 없이도 회전위치(속도)를 제어할 수 있다는 것이다.

또 하나의 특징을 든다면 저속에서의 토크가 떨어지지 않기 때문에 감속기 없이 저속으로 회전하는 것이 가능하다는 것이다. 일반적인 스텝모터에서는 스텝사이의 진동이 발생하기 때문에 소음이 비교적 많고, 고속 회전이 어려우며, 상대적으로 무겁고, 대용량의 모터가 생산되지 않는다는 단점이 있다. 따라서 단순한 동작을 하면서, 무게가 문제되지 않는 시스템에서는 효율적으로 사용할 수 있으나 고성능을 요하는 시스템에서는 사용이 어려운 문제가 있다. 하지만 일반적인 목적의 구동회로를 만드는 경우에는 구동

회로가 단순하고, 모터의 구입이 용이하다는 장점이 있다.

직류 서보전동기(DC Servo Motor)는 초등학교 학생들도 작동원리를 배우는 단순하면서도 오랫동안 사용되어온 모터이다. 모터의 두 단자 사이에 단순하게 전압을 가하면 모터의 권선에 전류가 흐르게 되어 회전력이 발생하고, 모터의 회전에 따라 정류자에서 모터에 흐르는 전류의 방향을 기계적으로 바꾸어 준다. 따라서 모터의 두 단자 사이에 보다 높은 전압을 걸면 모터의 권선에 흐르는 전류가 커지게 되어 모터의 회전력(Torque,토크)이 커지게 되고 모터의 부하상태에 따라 모터의 회전속도가 증가하게 된다. 모터의 작동이 단순하고, 모터의 구동회로가 비교적 단순하기 때문에 일반적인 용도로 많이 사용된다. 직류 전동기의 단점은 정류자를 구성하는 브러시에서의 마찰음이 비교적 크고, 브러시가 마찰에 의하여 마모되기 때문에 주기적으로 교환해 주어야한다는 것과, 브러시에서의 마찰 때문에 종종 스파크가 일어나기도 한다는 것이다. 이러한 스파크는 도장(Cpainting) 공장처럼 인화 가스가 존재하는 곳에서는 화재의 위험성이 있기 때문에 문제가 된다. 직류 전동기의 문제는 주로 정류자에서 발생한다.

직류 서보전동기의 정류자를 없앤 것이 BLDC모터(Brushless DC Motor)이다. 브러시 없는 직류 전동기는 직류 전동기의 정류자의 역할을 전자적인 스위치로 대치한 것이다. 보통 영구 자석형 BLDC모터가 많이 사용되는데 영구자석형 BLDC 모터는 Stator를 모터 권선으로 구성하고 Rotor는 영구자석으로 만든 것이 일반적인 구성이다. 이 모터는 브러시가 없기 때문에 직류 전동기와 달리 브러시에서 발생하는 소음도 없으며, 브러시를 교환하여야하는 불편도 없다. 모터의 축을 회전 시키면 모터가 발전기와 같이 작동하기 때문에 모터의 권선에 전력이 발생하게 된다. 이렇게 발생하는 전력을 역기전력(Back Electro-Magnetic Force)라고 하는데 이 역기전력의 전압의 형태가 사다리꼴인 경우가 있고, 사인파와 같은 형상을 하는 경우가 있다. 역기전압의 형상은 모터 제작사에서 권선을 감는 방법과 영구 자석의 배치에 따라서 결정된다고 한다. 이 역기전압이 사다리꼴인 경우에 특별히 BLDC모터라고 부르고 사인파 형상을 한 경우에 PMSM(Permanent Magnet Synchronous Motor)라고 구분하여 부른다. PMSM의 경우에는 사인파 구동이 가능하여 부드러운 회전력을 얻을 수 있다는 장점이 있다.

BLDC 모터의 경우에는 회전 위치를 감지하기 위하여 홀 센서(Hall Effect Sensor)를 부착하여 상(Phase)의 위치를 알 수 있도록 하는 경우가 있다. 반면에 홀 센서를 부착하지 않는 경우가 있는데 이 경우에는 상의 위치를 역기전압을 이용하여 측정한다. 이러한 구동을 센서 없는(Sensorless) 구동이라고 부르는데 센서 없는 구동의 경우에는 역기전압이 제어기에서 감지가 가능한 수준까지 발생되지 않으면 상의 위치를 알 수 없기 때문에 저속 성능이 떨어지거나 저속에서는 제어가 불가능한 경우가 있다. 센서 없는 구동의 경우에는 저속성능을 무시할 수 있고, 어느 정도 속도 이상에서만 동작하는 경우에 많이 사용된다.

대표적인 경우가 컴퓨터의 하드디스크를 회전시켜주는 스핀들 모터를 구동하는 경우이다. 이 경우에는 하드디스크를 예를 들어서 7200 rpm 으로 정속 회전을 시켜주고, 이 회전 속도 이하에서는 데이터를 읽거나 쓰지 않으면 되기 때문에 센서 없는 구동을 하여도 문제가 없다. 대부분의 가전제품에 사용되는 BLDC모터는 어느 정도 속도 이상에서 정속 회전을 하는 경우가 많기 때문에 센서 없는 구동을 하는 경우가 많다. 하지만 저속 성능이 필요한 경우에는 센서 없는 구동을 선택하면 안된다. 홀 센서는 보통 3개가 사용되는데 이 세 개는 모터의 권선 위치를 알려 주게 된다. 모터가 전기적으로 한 회전을 하는 경우에 3개의 센서는 6번 상태를 바꾸게 되며 이를 이용하여 권선의 위치를 추정하여 구동한다. 따라서 모터의 정밀한 위치를 알지 못한 상태에서 제어하기 때문에 센서 있는 구동의 경우에도 저속 성능은 떨어 질 수 있다.

BLDC혹은 PMSM의 경우에는 모터 회전자의 위치를 정밀하게 알 수 없기 때문에 저속 성능이 떨어질 수 있다는 단점이 있는데, 모터의 회전자 축에 회전자의 위치를 감지할 수 있는 엔코더(Encoder)나 리졸버(Resolver)를 부착하여 제어 성능을 높인 모터가 AC Servo 모터이다. 따라서 AC Servo모터는 홀센서도 부착하고 엔코더를 부탁한 경우가 대부분이다. 따라서 전영역에서 모터의 제어 성능이 균일하다는 장점이 있다.

표 1. 2 제어용 모터의 종류와 특징

구 분	DC Motor	스텝모터	BLDC 모터	AC Servo모터	비 고
무게/토크 비	보통	높음	보통	보통	스텝모터를 제외한 다른 보터들은 유사
구동의 복잡성	단순	단순한 경우가 대부분이나 고속 동작의 경우구 동 방법이 복잡하다.	보통	보통	
모터 가격	저렴	보통/고가. 고속회전이 가능한 모터가격 고가임.	보통	고가	
회전 위치 센서	대부분 Encoder사용. 특별한경우 resolver 사용	회전 위치 센서 사용하지 않는 경우가 대부분이나 엔코더를 사용하는 경우 있음.	홀 센서(Hall Sensor)사용하거나 역기 전력을 감지하는 센서없는 구동 방식도 사용	홀 센서와 엔코더, 혹은 홀 센서와 Resolver를 사용	
모터 가격	저렴	비교적 저렴	비교적 저렴	고가	
드라이버 가격	저렴	저렴	비교적 저렴	고가	
속도 제어성능	보통	저속(수백 rpm이하) 동작이 보통임.	Sensorless구동에서는 저속 동작이 불안정함.	좋음.	
소음	브러시 마찰음 발생	스텝사이의 소음 발생이 있는 경우가 있음.	저속에서 소음 발생 가능성 있으나 고속에서는 저소음	저소음.	

저속 성능	보통. 감속기 부착 사용이 보통	좋음. 보통 감속기 없이 사용	저속성능 떨어짐.감속기 부착 사용이 보통	좋음.감속기 부착 사용이 보통	

단점으로는 엔코더 등을 부착하였기 때문에 모터의 가격이 비교적 고가이고 구입하기가 용이하지 않다는 것이다. 모터 드라이버의 복잡성은 관점에 따라 다를 수 있지만 BLDC 모터의 경우와 대동소이하거나 오히려 쉬워진 후 있다. 왜냐하면 모터의 회전자 위치를 정밀하게 알 수 있기 때문에 모터의 각 상에 흘려주는 전류의 결정이 쉽기 때문이다. 요즈음 서보 모터라고 하면 대부분 이러한 형태의 모터를 말하는 경우가 대부분이며, 반도체 공정이나 LCD라인의 제어, 자동화 공장의 위치제어용 모터 등에는 이러한 모터가 대부분 사용된다.

Chapter 2

모터용 센서

모터내부에 사용되는 센서는 대표적인 것이 Hall Sensor와 Encoder이다. 물론 내환경성이 요구되는 경우에는 엔코더(Encoder) 대신 리졸버(Resolver)를 사용하는 경우가 있다. 모터 외부에서 모터와 관련하여 사용되는 센서는 리미트 스위치나 기계시스템의 영점센서로 많이 사용되는 근접 스위치 같은 것들이 다양하게 사용되는데, 여기에서는 모터와 모터 드라이버에사 사용되는 센서에 관하여 살펴 본다.

2.1 홀 센서(Hall Sensor)

홀 센서는 홀 효과(Hall Effect)를 이용한 센서이다. 홀 효과는 1879년 미국의 존스 홉킨스 대학에서 Edwin Herbert Hall이 발견하였는데 이는 전자가 인간에 의해 이해되기 18년전의 일이다(Wikipedia, Hall Effect). 그림 2.1과 같이 자장 B가 걸려 있는 경우에 도체에 전류 I가 그림의 방향으로 흐르면 도체의 양단에 전압 V_H가 발생하는 것이 홀효과이다.

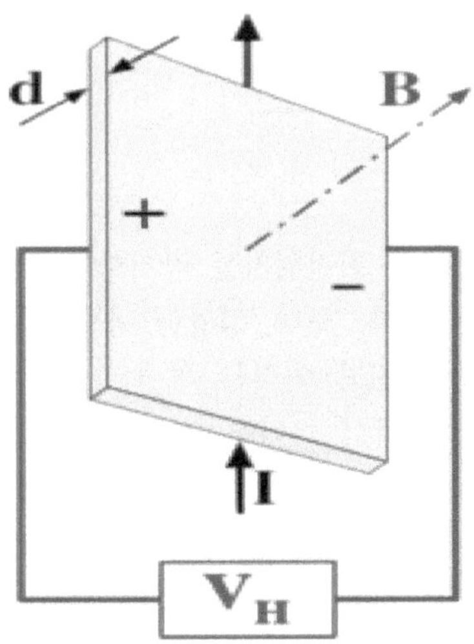

그림 2.1 홀 효과(Wikipedia,hall Effect, 2010)

이러한 효과를 이용한 것이 홀 센서이다. 일반적으로 홀 센서라고하면 홀 전압에 비례하는 출력을 내어주는 센서를 말하고 홀 스위치(Hall Switch)라고 말하면 홀 전압이 일정 수준을 넘었는지 일정 수준이하인지를 감지하여 디지털 출력을 내어주는 센서를 말한다. BLDC 모터에 사용되는 센서는 홀 센서가 사용되어 영구자석으로 구성되어 있는 로터의 위치를 감지하기 위하여 사용된다. 따라서 BLDC모터 드라이버는 이 신호를 이용하여 로터의 위치를 감지하여야한다.

대부분의 모터에서는 홀 센서로의 입력 전압을 5 V로 한정하고 있지 않으나(예를 들어 maxon Motor의 EC20 Flat의 경우 4.5-24 V를 홀 센서 공급전압으로 규정하고 있다.) 5 V정도를 공급하면 출력을 볼 수 있다. 또한 Hall Sensor의 출력을 Open Collector (Open Drain)으로 제공하고 있기 때문에 Pull Up을 해 주어야 출력을 관찰 할 수 있는 경우가 대부분이다.

2.2 엔코더(Encoder)

2.2.1 엔코더의 종류와 구조

1) 광학식 엔코더

모터에서 사용되는 회전위치를 감지하기 위한 센서중에서 가장 보편적으로 사용되는 센서이다. 보다 정확한 용어는 회전형 광학식 엔코더(Rotary Optical Encoder)이지만 이러한 형식의 것이 보편적으로 사용되기 때문에 엔코더라고 하면 광학식 로터리 엔코더를 지칭하는 경우가 많다. 회전형 엔코더는 두가지 종류의 것이 사용된다. 하나는 증분형 엔코더(Incremental Encoder)이고, 다른 하나는 절대값형 엔코더(Absolute Encoder)이다. 절대치형 엔코더는 다음 그림과 같은 패턴이 새겨진 판이 모터의 축과 연결되어 있다.

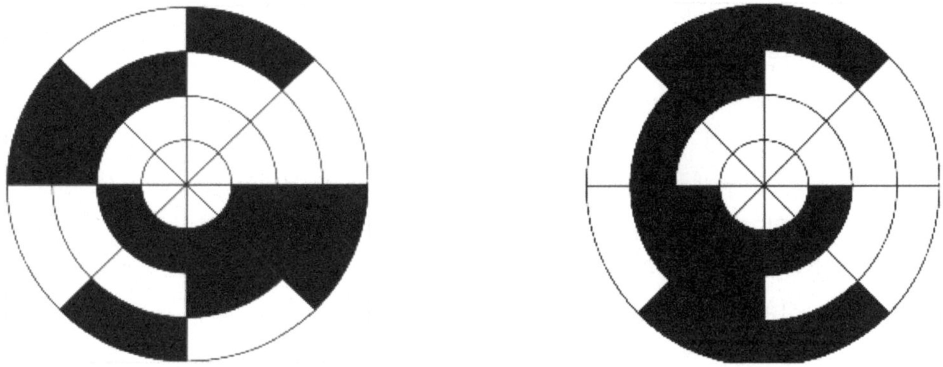

그림 2.2 절대치형 엔코더의 패턴(좌: 이진형, 우: Gray Code형)(Wikiepedia, Rotary Encoder, 2010)

이러한 절대값형 엔코더는 한 회전 내에서는 언제나 절대적인 회전 위치를 알 수 있다는 장점이 있으나 인터페이스 하는 경우에 증분형보다 많은 선이 필요(통신에 의한 인터페이스의 경우에는 제외)하다는 점과 증분형보다 가격이 높다는 단점이 있다. 한 바퀴 이상의 회전 위치를 기억하는 엔코더도 있는데 대부분의 경우 밧데리로 동작하는 백업 회로를 가지고 있어서 2-5년마다 밧데리를 교체해 주어야한다.

증분형 엔코더의 경우에도 모터의 제어에 별 무리가 없는 경우에는 증분형 엔코더를 사용하는 편이 유리하다. 증분형 엔코더(Incremental Encoder)의 경우에는 그림 2.3과 같은 신호가 발생되는 패턴이 새겨진 판이 모터의 축에 연결되어 있다.

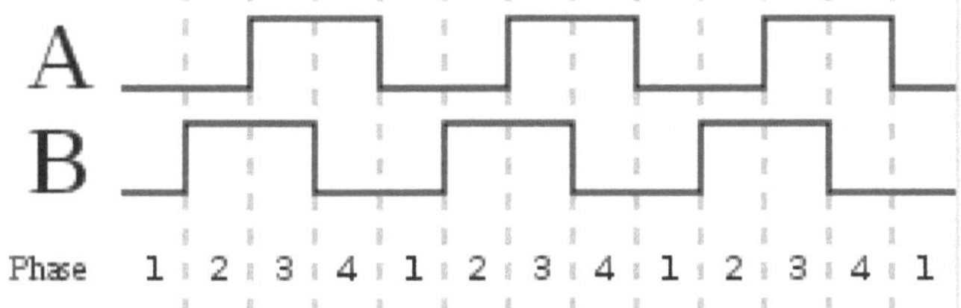

그림 2.3 증분형 엔코더의 신호

A상의 신호가 앞서는가 혹은 뒤지는가를 판단하여 모터의 회전 방향을 감지할 수 있다. 또한 A상와 B상의 올라가는 모서리(Rising Edge)와 내려가는 모서리(Falling Edge)에서 부가적인 신호를 발생 시켜서 엔코더의 신호를 2체배 혹은 4체배하여 사용함으로서 엔코더의 분해능을 높여서 사용하는 경우가 대부분이다. 대부분의 증분형 엔코더는 A상과 B상 신호 이외에 한 회전 안에서의 모터의 절대적인 위치를 감지하기 위한 영점신호를 출력하여 주는 것이 대부분이다.

이러한 Encoder의 패턴을 감지하기 위해서는 보통 Photo Diode를 사용한다. 그림 2.2에서 검게 표시된 부분에서는 빛이 통과하지 않고, 흰 부분에서는 빛이 통과 되도록 하여 포토 다이오드나 포토 트랜지스터에서 패턴에 상응하는 신호를 발생 시켜주는 회로를 가지고 있는 경우가 대부분이다. 이러한 방식으로 동작하는 엔코더를 광학식 엔코더라고 부른다. 광학식 엔코더는 보통 한회전당 분해능이 1000이상의 것이 많고 2000-5000사이의 것이 보편적으로 사용된다.

이러한 엔코더는 패턴을 얇은 유리판에 사진 감광 기법을 이용하여 그려 넣은 것을 모터의 뒤편에 부착한 경우가 많다. 따라서 광학식 엔코더를 사용하는 경우에는 엔코더 부분에 충격을 가하거나 모터의 축에 충격을 가하는 경우 패턴이 새겨진 유리판이 손상될 수 있기 때문에 사용에 주의하여야한다.

2) 광학식 이외의 엔코더

광학식 엔코더는 가격이 저렴하고 분해능이 높아서 대부분의 모터가 채용하고 있지만 충격 등에 약하다는 단점이 있다. 이러한 경우에는 보다 내환경성이 좋은 회전위치 감지센서를 사용하여야한다. 이러한 센서에는 회전형 트랜스포머 형식의 센서인 resolver를 사용하는 것이 보통이다. 이 센서의 원리는 LVDT(Linear Variable Differential Trans -former)를 회전형으로 바꾸어 놓은 RVDT(Rotary Variable Differential Transformer)로 보면 되는데, 그 구조가 전선을 코일 형태로 감아 놓은 것이 대부분을 차지하기 때문에 내환경성, 특히 내충격성이 좋다. 리졸버는 광학식 엔코더 와 상응하는 분해능을 보이기는 하지만 가격이 높다는 단점이 있다. 이 리졸버를 장착한 모터는 고가이기 때문에 전용의 드라이버 팩을 사용하는 경우가 많기는 하지만 필요한 경우에는 모토롤라나 아날로그 디바이스사 등에서 인터페이스용 전용칩을 판매하고 있으므로 이러한 칩을 구입하여 사용하면 된다.

최근에는 Angular Hall Encoder용의 전용 칩을 사용하는 엔코더가 판매되고 있다. 필요한 경우에는 모터의 외부에 홀 센서나 근접 센서 등을 이용하여 모터의 외부에서 모터의 회전을 감지하는 방법을 사용할 수도 있다.

3) 엔코더의 Interface

엔코더를 접속하는 방법은 엔코더의 종류에 관계없이 세 가지 방법이 있다.

첫째는 가장 보편적으로 사용하는 방법은 A상 B상 Z상(혹은 C상이라고도 부른다, 영점 신호)의 세선을 이용하는 방법이다. 이러한 방법은 증분형 광학식 회전 엔코더에서 많이 이용되는데 대체로 두 가지의 방법을 이용하여 신호를 제공한다. 아직까지 totem pole 방식의 출력을 제공하는 모터는 없는 듯하다.

- Differential 방식: 각상의 신호를 두선을 이용하여 두선의 전압차이를 가지고 1과 0을 판단하는 방법. 엔코더와 모터 드라이버사이의 거리가 먼 경우에 많이 사용한다. Line Driver 방식이라고 부르는 경우도 있다.
- Open Collector방식: 각상의 신호를 Open Collector(Open Drain) 방식으로 제공하는 방법. 엔코더와 모터 드라이버 사이의 거리가 멀지 않은 경우에 많이 사용한다.

◈ Differential방식 Encoder의 Interface

이러한 신호는 Encoder측에서 오는 신호를 75175, 26LS32이와 유사한 기능을 하는 IC를 사용하여 CPU에 접속 가능한 신호를 만들어 준다. 이러한 IC는 RS-485나 488의 Receiver에서도 사용된다. 그림 2.4에 CPU

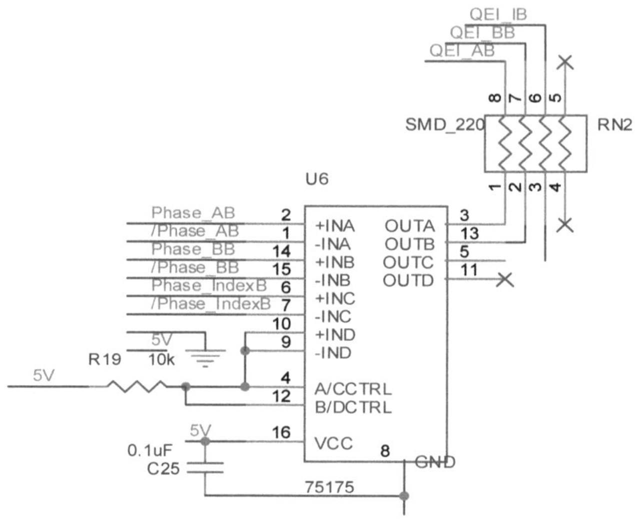

그림 2.4 Differential방식의 엔코더 신호 접속예.

에 입력 가능한 신호를 만들어 주는 회로의 간략한 예를 보였다. 출력 신호에 220옴의 저항은 Damping저항이므로 필요 없는 경우에는 제거하여도 좋다.

◆ Open Collector방식의 Interface

Open Collector방식의 신호는 원하는 전압을 이용하여 Pull Up하여 CPU가 인식할 수 있는 신호를 만들어 주면 된다.

두 번째 방법은 통신을 이용하여 엔코더 신호를 제공하는 방법이다. 지금까지 파악된 바로는 아직 이 방법에 표준이 정해진 것 같지는 않다. 다만 CANopen등에서 사용되는 프로토콜이 있기는하다. 따라서 모터의 제작사가 제공하는 통신 표준과 프로토콜을 구현하는 방법이외의 다른 방법이 있지는 않은듯하다.

세 번째는 절대치형 엔코더에서 사용하는 데이터 신호형의 입력 방법인데 이 경우에도 Open Collector방식이나 Differnetial방식을 사용하는 경우가 많으므로 첫 번째 방법에서 설명한 방식을 따라 인터페이스 할 수 있다.

4) 엔코더 신호의 CPU Interface

여기에서는 가장 많이 사용하는 증분형 엔코더신호에 제한하여 설명한다. 증분형 엔코더에서 나오는 신호는 앞에서 설명한 방법을 이용하여 CPU에서 읽을 수 있는 신호로 바뀌었다. (물론 통신을 이용한 엔코더 접속의 경우에는 통신에 의하여 엔코더 내용을 읽어오므로 문제가 없다.) 이 절에서는 이러한 신호를 이용하여 회전 방향과 회전 위치를 감지하는 방법에 관하여 설명한다.

이러한 인터페이스는 예전에는 전용칩을 이용하는 것이 대부분이었다. 지금은 잘 사용하지 않지만 US Digital 사의 LS7166(LFLS7166)을 사용하는 방법이다. 이 IC는 하나의 엔코더 신호를 입력 받아서 내부의 24비트 카운터에서 엔코더 펄스수를 세어서 그 결과를 CPU에 4비트의 형태로 인터페이스 해주는 역할을 한다.

이외에도 두 개의 엔코더를 인터 페이스 하는 칩, 엔코더 신호를 입력받아서 카운터로 사용할 수 있는 칩 등이 있다. 이러한 IC는 비교적 가격이 비싸고(LS7166의 경우 12달러를 상회함) 구입하는 것도 번거로우며, 요즈음 발매되고 있는 Motor Control용 CPU들은 LS7166에 상응하는 회로를 내장하고도 5달러 미만에 구입할 수 있는 경우가 있기 때문에 엔코더 Interface 전용칩을 사용하는 것은 추천되지 않는다. 다만 엔코더 Interface 기능이 내장되지 않은 CPU를 사용할 수밖에 없는 부득이한 경우에만 사용해야한다.

가장 좋은 방법은 증분형 엔코더 Interface기능이 내장된 CPU를 사용하는 것이다. 요즈음 모터 제어용 CPU로 발매되고 있는 CPU들은 대부분 이러한 기능이 내장되어 있다. Microchip 등의 경우에는 이러한 기능을 QEI(Quadrature Encoder Interface)라고 부르는데 CPU의 형식 번호중에

MC가 들어 있는 CPU(예를 들어 dsPIC33FJ128MC804)는 이러한 기능을 내장하고 있다. Microchip사의 규격서에 설명되어 있는 QEI의 기능은 다음과 같다.

1. A,B,Z(Index)상의 입력
2. QEI전용의 16비트 Up/Down Counter
3. Count 방향(정역전) 감지
4. 체배(x2, x4)기능
5. 프로그램이 가능한 필터
6. QEI Interrupt

특히 프로그램이 가능한 필터가 내장되어 있어서 외부에 필터를 장착할 필요조차 없어졌다. 만일 이기능이 없다면 보통 사용하는 Flip Flop을 이용하여 디지털 노이즈를 제거하는 회로를 삽입하여 주어야한다. 인터럽트 기능을 제공하기 때문에 거의 무한대의 회전수를 감지할 수 있다고 할 수 있다. Texas Instrument(eQEI) 나 Luminary사에서 발매되는 Motor Control CPU들은 대체로 이와 유사한 기능을 내장하고 있다. Luminary사의 QEI 모듈에서는 자체 타이머를 이용하여 속도출력까지 제공하고 있다.

가끔은 FPGA나 CPLD를 이용하여 Encoder Interface와 Counter회로를 구성하는 경우가 있는데, 이 경우에는 FPGA제작사에서 예제를 제공하고 있기 때문에 그 예제를 참고하는 것이 좋다.

Chapter 3

DC서보 모터의 구동

직류 전동기는 일반적으로 받아들여지는 용어이지만, 요즈음은 브러시 없는 DC 모터(Brushless DC Motor)가 일반화되었기 때문에 이러한 모터와의 구분을 위하여 브러시 있는 DC 모터(Brushed DC Motor)로 명확하게 구분하여 부르기도 한다. 제어용 모터중 가장 단순한 구동회로를 가지기 때문에 오래전부터 자동화와 제어시스템을 위해서 많이 사용하여 왔다. 최근에는 브러시 없는 모터(BLDC혹은 PMSM)에 밀려 사용이 줄어들고 있는 추세이기는 하지만, 브러시에서의 마찰음이 있고 브러시가 마모되면 브러시를 교환하여 주어야한다는 점을 제외하면 제어하기가 편리하다는 장점이 있기 때문에 아직도 애용되고 있다. 단 약간의 소음이 있어도 좋고, 브러시에서 발생하는 스파크가 문제되지 않으며, 브러시를 주기적으로 교환해 줄 수 있는 환경으로 사용이 제한되고 있다.

3.1 직류 전동기의 원리

직류 전동기는 일반적으로 외부에 영구자석을 설치하고(Stator, 고정자) 내부에는 코일이 감긴 전자석(회전자, Rotor)이 설치되어있는 형태를 가지고 있다. N극과 N극, S극과 S극은 서로 멀어지려는 힘이 작용하고, N극과 S극은 서로 가까워지려는 힘이 작용한다는 점을 이용하여 코일이 감긴 전자석을 적절한 시기에 전류의 방향을 교번해 줌으로서 모터의 축을 회전시키는 것이다. 그림 3.1은 2극 DC 모터(two pole DC Motor)를 이용하여 DC모터의 동작원리를 나타낸 것이다.

그림 3.1a에서는 같은 극끼리의 멀어지려는 힘 때문에 중앙의 회전자가 시계방향으로 돌게 되고, 그림 3.1b에서는 같은 극끼리의 멀어 지려는 힘과 서로 다른 극끼리의 가까워지려는 힘 때문에 회전하고, 그림 3.1c에서는 서로 다른 극끼리의 가까워지려는 힘 때문에 회전하게 된다. 그림 3.1c에서 만일 전류의 방향을 바꾸어 주지 않는다면 더 이상 모터는 회전하지 않고 멈추게 된다. 그러나 이 때 전류의 방향을 바꾸어 주게 되면 다시 그림 3.1a와 같은 상태가 되어 모터는 계속 시계방향으로 회전하게 된다.

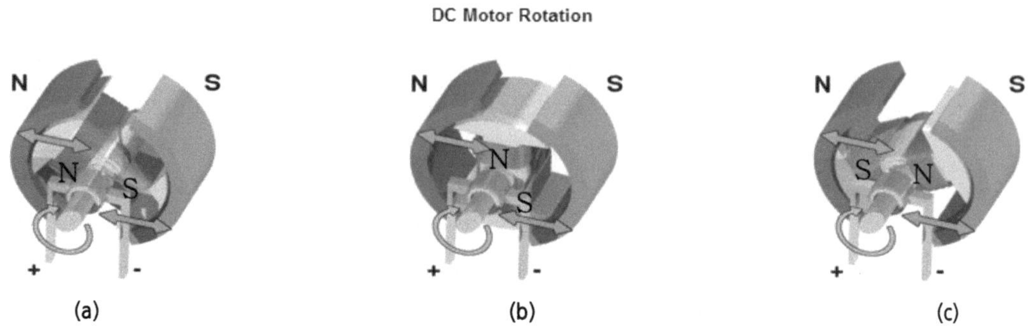

그림 3.1 직류 전동기의 회전 원리(Wikipedia, DC Motor에서 인용)

모터가 계속 회전하려면 회전자에 흐르는 전류의 방향을 모터의 회전각에 따라 바꾸어 주어야한다. 이러한 역할을 하는 것이 정류자(Commutator) 이다. 직류 전동기에서는 정류자를 기계적인 마찰에 의하여 접촉하는 형태를 사용한다. 따라서 이 정류자에서의 마찰이 불가피하게 되어 정류자의 재료를 고급으로 만들어 사용하게 된다. 정류자의 접촉 재로로 탄소 브러시(graphite brush)를 사용하는 경우가 많다. 탄소 브러시를 사용하는 경우는 브러시 부분에서 스파이크가 일어나는 단점이 있기 때문에 전자기적인 잡음이 발생하게 된다. 또한 모터의 부하에 따라 브러시에서의 접촉 저항이 달라지는 단점도 있다. 때로는 정류자의 재로로서 고급 금속을 사용하는 경우가 있는데 주로 소형의 고급모터에서 사용된다.

모터가 회전하면 역기전력이 발생하게 된다. 이러한 역기전력(Back Electromotive Force, 혹은 Counter Electromotive Force)은 실제 모터의 권선에 가해지는 전압을 상쇄하게 되기 때문에 다음과 같은 관계가 성립한다.

$$I = \frac{V_{ext} - V_{BEMF}}{R_A}$$

여기에서 I는 권선에 흐르는 전류이고 V_{ext}는 외부에서 가해준 전압, V_{BEMF}는 역기전압, R_A는 권선의 저항이다. 이 전류는 모터의 토크에 비례한다. 모터가 발생시키는 기계적인 일은 다음과 같이 표시할 수 있다.

$$P = I \cdot V_{BEMF}$$

모터에 부하를 가하지 않고 회전 시키면 회전 속도가 높아짐에 따라 역기전압이 높아지게 된다. 따라서 모터는 회전 속도가 어느 정도 이상 높아지지 않는다. 또한 모터가 정지해 있는 경우에는 역기전압이 0이 되기 때문에 많은 전류가 흐르게 되지만 모터의 회전 속도가 높아지면 권선으로 흐르는 전류가 감소하게 되는 경향을 보인다.

3.2 직류 전동기의 구동기 설계

직류 전동기의 크기는 1 Watt 이하에서부터 시작하여 수 KW이상의 용량이 있으나 여기에서는 수 Watt에서 수 백 Watt급에서 사용될 수 있는 구동기의 설계에 관하여 설명한다. 직류 전동기의 경우에는 권선(amature)에 흐르는 전류에 비례하는 토크를 발생시키기 때문에 직류 전동기를 제어한다는 것은 권선에 흐르는 전류의 크기를 제어한다는 것과 동일하다. 모터 권선에 흐르는 전류를 제어하기 위해서 예전에는 다른 방법을 사용하기도 했지만 지금은 펄스폭 변조(Pulse Width Modulation) 방식을 일반적으로 사용한다.

3.2.1 펄스폭 변조(Pulse Width Modulation)

펄스폭 변조를 설명하기 위하여 다음 그림과 같은 구형파를 생각해 보자. 여기에서 주기 T와 펄스폭 T_W의 비를 duty라고 정의한다.

$$duty = \frac{T}{T_W}$$

주기 T동안 가해진 유효 전압($V_{effecive}$)은 다음과 같이 표시할 수 있을 것이다.

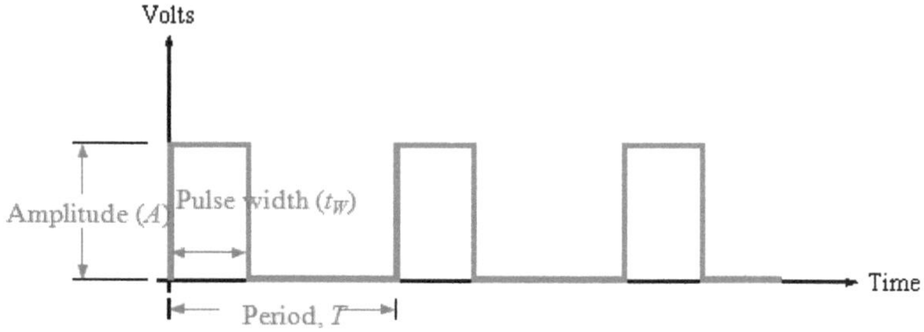

그림 3.2 펄스폭 변조의 설명을 위한 그림

$$V_{effective} = \frac{1}{T}\int_0^T f(t)dt$$
$$= A \cdot duty$$

만일 이러한 파형의 전압을 모터에 가해 주면서 전압의 주기를 수십 마이크로 초정도로 짧게 한다면 모터에 실제로 가해지는 전압은 duty에 비례하는 전압이 될 것이다. 실제로 주기는 50 $uSec$내외(20 KHz)를 많이 사용하고 있으며, 모터 제어기용도로 시판되고 있는 CPU들은 이러한 PWM 신호를 발생시키기에 적합한 타이머들을 내장하고 있다.

3.2.2 H-Bridge

직류 전동기를 제어하기 위해서는 모터에 흐르는 전류를 제어해 주면 된다. 이를 위해서는 DC Motor의 권선에 걸어주는 전원 전압을 바꾸어 줄 수 도 있지만 빠르게 이러한 전압을 바꾸어 주는 것은 문제가 있기 때문에 앞 절에서 설명한 펄스폭 변조 방법을 사용한다. 그림 3.3은 H-Bridge혹은 Full Bridge라고 불리는 회로이다. 4개의 스위치 중 오른쪽 반, 혹은 왼쪽 반만 있는 경우에는 Half Bridge라고 부르며, 위쪽에 있는 스위치를 High Side Switch, 아래쪽에 있는 스위치를 Low Side Switch라고 부른다.

그림 3.3에서 SW1이 닫혀있고(통전 상태) SW4가 닫혀 있다면(SW2, SW3는 열린 상태)모터에는 왼쪽에서 오른 쪽으로 전류가 흐르게 된다. 반

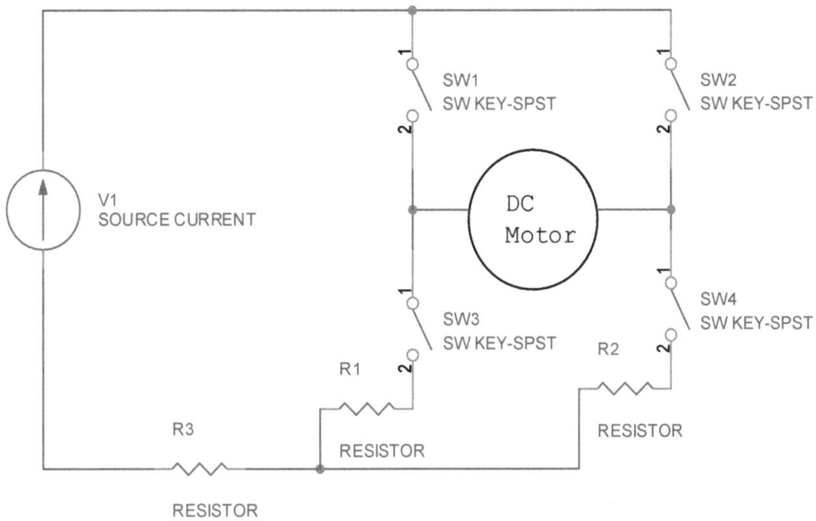

그림 3.3 직류 전동기 구동을 위한 H-Bridge

대로 SW2 닫혀있고(통전 상태) SW3 닫혀 있다면(SW1 SW4 열린 상태)모터에는 오른쪽에서 왼쪽으로 전류가 흐르게 된다. 따라서 모터의 정역전은 그림 3.3의 스위치 상태를 바꾸면 해결된다. 또한 스위치를 계속 닫아 주는 것이 아니고 스위치를 PWM주파수와 duty에 따라 열거나 닫아주면 DC모터로 흐르는 전류의 양을 제어해 줄 수 있다.

따라서 여기에 사용하는 스위치는 매우 빠른 속도(20KHz내외)로 닫히거나 열려야하며 따라서 전자적인 스위치를 사용하는 것이 일반적이다. 그림 3.3에서 R1과 R2는 모터의 권선에 흐르는 전류를 감지하기 위한 저항(Shunt Resistor)인데 직류 전동기의 경우에는 R1과 R2를 없애고 R3만을 사용하는 것이 보통이다. 여기에 사용하는 저항은 보통 1%(F급)의 오차를 가지는 낮은 저항(보통 0.1옴 이내)을 사용하여 모터의 동작에는 거의영향을 미치지 않도록 하여야 한다.

3.2.3 구동 소자의 선택

예전에는 직류 전동기의 구동 소자로서 파워트랜지스터를 사용하는 경우가 있으나 요즈음은 전계효과 트랜지스터(Field Effective Transistor, FET)를 사용하는 경향에 있다. 구동 전압이 높은 경우에는 입력단은 FET의 특성을 가지면서 출력단은 트랜지스터의 특징을 가지는 IGBT(Insulated Gate Bipolar Transistor, IGBT)를 사용하는 경우도 있다. 수십 Watt급-300 Watt급 이하에서는 단일 FET를 구동소자로 선택하는 것이 보통이다.

직류 전동기의 경우에는 권선 전압이 모터 제작사에 의하여 결정되어 있다. 몇 V에서부터 수실 볼트 혹은 200 V까지 높은 경우가 있다. 일반적으로 수십Watt 급의 모터에서는 12 V-6 V정도의 전압을 사용하는 경우

표 3.1 전용 드라이버 IC사용과 FET사용시의 장단점 비교

<table>
<tr><th>구분</th><th>전용 드라이버 IC사용</th><th>FET를 사용</th><th>비 고</th></tr>
<tr><td>모터 용량</td><td>수십 Watt이하</td><td>수십-수백 Watt</td><td rowspan="8">FET 사용범위 보다 높은 전압의 경우에는 IGBT의 사용이 보통임.</td></tr>
<tr><td>전압</td><td>보통 40 V 이하 사용</td><td>10 V 내외-200 V 이하 사용</td></tr>
<tr><td>전류</td><td>연속사용 3 A내외</td><td>수십 A이하</td></tr>
<tr><td>발열</td><td>내부저항이 높아서 발열이 많음.</td><td>발열이 비교적 적음</td></tr>
<tr><td>제어의 용이성</td><td>제어가 쉬움</td><td>제어가 비교적 어려움</td></tr>
<tr><td>드라이버 보드의 크기</td><td>드라이버 보드가 작아질 수 있음.</td><td>Gate Driver를 사용할 경우 드라이버 보드가 커짐</td></tr>
<tr><td>드라이버 IC 가격</td><td>5-20내외</td><td>10$내외</td></tr>
<tr><td>기타</td><td>보통 두 개의 모터를 제어함.</td><td>FET의 선택 범위가 넓음.</td></tr>
</table>

가 많은 듯하다. 이러한 정도의 출력을 내어주는 경우에는 전용 드라이버 IC들이 시판되고 있다. 이러한 전용 드라이버 IC들은 내부에 PWM 발생 회로를 내장한 경우도 있다. DC모터 구동용 전용 드라이버 IC를 사용할 것인가 혹은 FET를 이용한 드라이버를 구성할 것인가는 전적으로 사용자의 선택에 달려 있다. 표 3.1에서 두 가지 방법의 장단점을 비교하였다.

일반적으로 보았을 때 FET를 사용하는 편이 좋은 성능을 보이지만 드라이버 보드의 크기를 작게 하기 위해서는 전용 드라이버 IC를 사용하는 편이 나은 경우가 많다. 따라서 소형 모터를 드라이브하는 경우에는 전용 드라이버 IC를 사용하고, 80 W급 이상의 모터를 구동하는 경우에는 FET또는 IGBT를 사용하는 것이 일반적이다.

3.2.4 FET를 이용한 설계

FET를 이용하여 모터 권선에 전류를 흘려주는 방법은 FET의 Gate를 어떻게 드라이브 해주느냐에 따라 세 가지 방법으로 나누어 볼 수 있다.

◈ **고전압 FET Gate구동 IC를 사용하는 방법:**

Gate Driver IC는 여러 메이커에서 많은 종류가 판매되고 있으며, 모터 권선 전압이 100 V 이상인 경우에는 FET나 IGBT를 사용한다. High Side와 low Side에 N-ch를 사용한다.

◈ **TR을 이용한 Gate Drive방법:**

CPU는 트랜지스터의 베이스를 구동하고, 트랜지스터의 출력을 이용하여 FET의 Gate를 구동하는 방법. 이 경우 High Side는 P-Channel, Low Side는 N-Channel FET를 사용하는 경우가 많다.

◈ **저전압 Gate Driver를 사용하는 방법:**

TC4424등의 Gate Driver는 모터 권선 전압이 16볼트 이하인 경우에는 빠르게 스위칭 할 수 있다.

1) 고전압 FET Gate구동 IC를 사용하는 방법

FET는 전압 구동 소자이기는 하지만 빠른 속도로 스위칭 하는 경우에는 게이트에 기생하는 Capacitance를 빠른 속도로 충-방전해 주어야하기 때문에 많은 전류를 공급해 줄 수 있어야한다. 또한 직류 전동기를 구동하기 위하여 Full Bridge를 구성하는 경우 High Side에 P-Channel FET를 사용할 수도 있지만 일반적으로 P-Channel FET의 특성이 N-Channel FET의 특성보다 떨러지게 되기 때문에 High Side에도 N-Channel FET를 사용하는 것이 좋다.

N-Channel FET를 High Side에 사용하는 경우 FET를 동작시키기 위해서는 드레인에 걸린 전압(일반적으로 모터 권선에 공급하는 전압)보다 10V 정도 높은 전압을 가해 주어야하기 때문에 불편한 점이 있다. 이러한 점을 감안하여 FET의 메이커에서는 Gate Dirver전용의 IC를 개발하여 판매하고 있다.

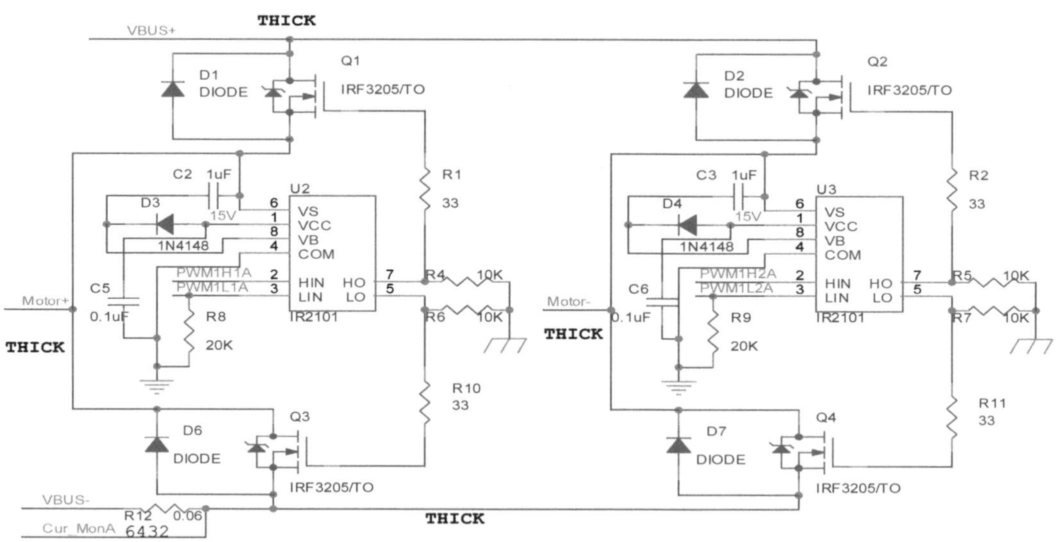

그림 3.4 FET Gate Driver를 이용한 Full Bridge 설계 예

IR(International Rectifier)사에서는 IR21xx의 번호의 IC가 이에 해당되며 Fairchild사의 경우에는 FAN7xxx의 번호로 판매하고 있다. 물론 다른 회사들에서도 이러한 종류의 IC들을 판매할 수 있다. 이러한 IC들은 여러 가지의 형태가 있는데 보통 사용하는 것은 High Side와 Low Side를 동시에 구동하는 Half Bridge Driver를 많이 사용한다.

FET Gate Driver를 사용한 Full Bridge의 설계 예를 그림 3.4에 보였는데 FET 네 개는 모두 N-Channel이어야 한다. 왼쪽 아랫부분의 0.06옴 저항은 모터 권선에 흐르는 전류를 측정하기 위한 shunt저항이다. 회로 정수의 선정은 FET와 Gate Driver와의 관계를 고려하여 결정하여야하며 각 제작사의 데이터 와 응용 노트(Application Note)를 참조하여 결정한다.

FET Gate Driver의 가격은 종종 FET보다 가격이 높은 경우가 많지만 FET의 Gate의 total capacitance가 작은 것을 사용하면 저렴한 가격의 Gate Driver을 사용할 수 있다. 이방법의 장점은 높은 전압(수백볼트)의 구동이 가능하고, FET의 선택범위가 넓어져서 낮은 드레인 소스간 On저항($R_{DS}ON$저항)의 FET를 선택하여 사용할 수 있어서 FET의 발열을 적게 할 수 있으며, 대용량의 FET도 사용할 수 있어서 수십 A이상의 FET를 사용할 수 있다는 것이다. 따라서 높은 용량의 모터를 구동할 수 있으며, 유사한 회로를 사용하여 IGBT도 구동할 수 있다.

2) TR을 이용한 Gate Drive방법

이 방법은 고가의 Gate Driver IC대신 트랜지스터를 이용하여 FET를 구동하는 방법이다. 보통은 모터의 권선 전압이 낮은 경우에 유리한 방법이며, 최근에는 초소형의 트랜지스터가 발매되고 있기 때문에 Gate Driver를 이용하는 경우보다 소형의 드라이버를 만들 때에 유리하다. 그림 3.5에는 Half Bridge drive회로의 예를 보였는데 quadcopter의 BLDC Motor드라이버 회로중의 일부이다. BLDC모터용이기는 하지만 드라이브 회로는 동일하다.

이 회로에서는 High Side는 P-Channel FET를 사용하고 Low Side는 N-Channel FET를 사용하는 것이 보통이다. 이 회로에서 Low Side FET로

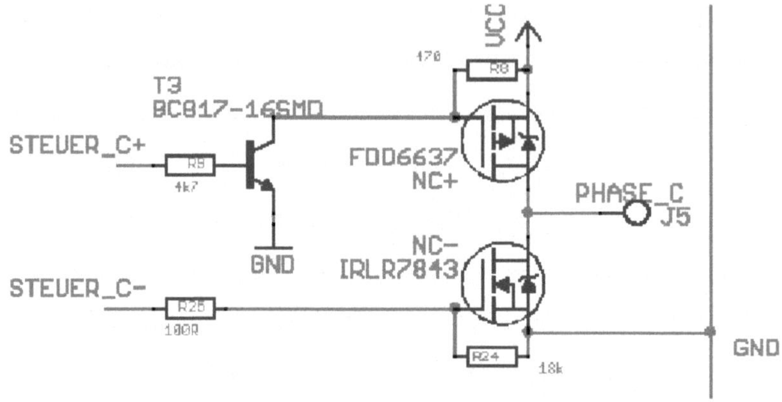

그림 3.5 트랜지스터를 이용한 FET구동 예 (www.mikrokopter.de 의 BLDC Motor에서 인용)

사용한 IRLR7843은 Gate-Source간 전압이 4 V이상이 되면 FET가 turn on되는데 이렇게 CPU의 출력 핀을 직접 이용하여 FET를 구동하는 것은 FET Gate의 Totla Gate Charge가 낮은 경우로 제한된다. IRLR7843의 Total Gate Charge는 약 34 nC으로 저전압용인 것을 감안하면 약간 큰 편이며 Rds_On저항은 3.3 m옴으로 작고 드레인-소스간 전압은 최대 30 V이다. 저전압-고전류를 사용하는 모터에 적합하다.

3) 저전압 Gate Driver IC를 이용하는 방법

모터의 권선전압이 16 v 이하(때로는 24 v 이하)인 경우에는 저렴한 가격의 저전압용 FET Gate Driver가 사용될 수 있다. Microchip사에서 개발한 TC44xx의 Gate Driver Chip이 그것이다. 이 IC를 사용하는 경우에는 모터의 권선 전압이 낮은 경우에 한정되기 때문에 제한적으로 사용되기는 하지만 12 V이하의 권선 전압을 사용하는 경우에는 효율적으로 사용할 수 있다. 그림 3.6에 이러한 설계의 예를 보였다.

이 그림에서는 Half Bridge 3개가 들어간 삼상 드라이버를 예로 들었지만 Half Bridge를 두 개만 사용하면 직류 전동기의 드라이버로 사용할 수 있다. 그림 3.6에서 보인 설계는 FET도 하나의 SO8 package에 두 개의

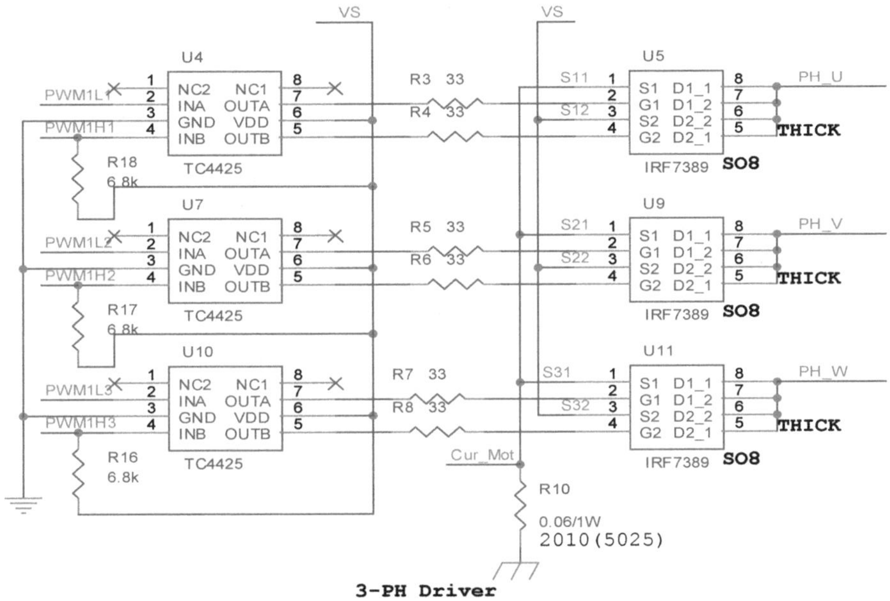

그림 3.6 저전압 Gate Driver를 사용하는 경우의 드라이버 설계예.

FET가 내장된 소형의 FET를 사용하여 드라이버 보드를 소형화 할 수 있는 설계이다.

3.2.5 전용 드라이버 IC를 이용한 설계

직류 전동기를 제어하기 위한 전용 IC드라이버 칩은 비교적 저렴한 가격에 구입할 수 있다. 가장 일반적으로 사용되는 것이 ST Microelectronics 사의 L298 이다. 이 IC는 스텝모터의 구동을 위해서 널리 사용되지만 내부에 Full Bridge 두 쌍을 내장하고 있기 때문에 DC모터 두 개를 구동할 수 있는 능력이 있다. 내부에 PWM발생 회로를 내장하고 있지 않기 때문에 제어 CPU에서 PWM신호를 만들어 주어야한다.

National Semiconductor사의 LMD18200은 55 V 3 A의 연속 전류를 허용하고 있으며, 역시 내부에 PWM발생 회로를 내장하고 있지 않기 때문에 외부에서 PWM신호를 넣어 주어야한다. 같은 회사의 LMD18245는 4비트의 디지털 신호를 이용하여 권선전류를 제어해 줄 수 있다.

Infineon사에서는 소형의 직류 전동기 구동을 위한 H-Bridge 로서 TLE5206을 판매하고 있다. 상시 전류가 5 A에 이르고, 전압은 40 V이다. $R_{ds\ on}$저항이 200 $m\Omega$으로 전용 드라이버 IC중에서는 낮은 편이다.

ST Microelectronics사의 L6207(신호 접속 방법에 따라 L6205,L6206 등도 있다.)은 두 개의 직류 전동기 구동이 가능하며 내부에 PWM 제어회로가 내장되어 있다. 따라서 사용자가 전류명령을 주기만 하면 모터의 권선에 흐르는 전류가 제어된다. 이 명령은 Vref핀으로 전압을 입력하도록 되어 있다. 따라서 DA 변환기가 내장된 CPU를 사용하면 쉽게 토크제어가 가능하다. DA변환기가 없는 CPU를 사용하는 경우에는 RC network에 PWM출력을 가해서 Analog전압을 만들어서 드라이버 칩에 입력해 줄 수 있다. 이러한 회로의 예를 그림 3.7에 보였다.

그림 3.7에서 DA1PWM신호가 입력이고 출력은 VREFA이다. 입력의 duty가 100%라면 이 회로가 전압 분배기로 작동하므로 출력 전압은 입력 전압을 V_{inp}라고 할 때

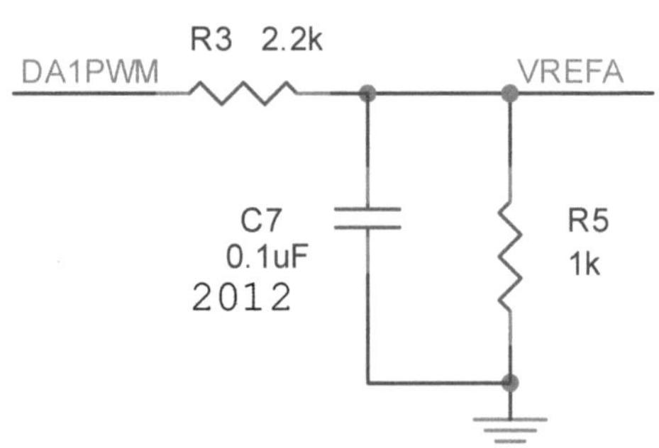

그림 3.7 PWM신호를 이용하여 Analog전압 신호를 발생하는 예

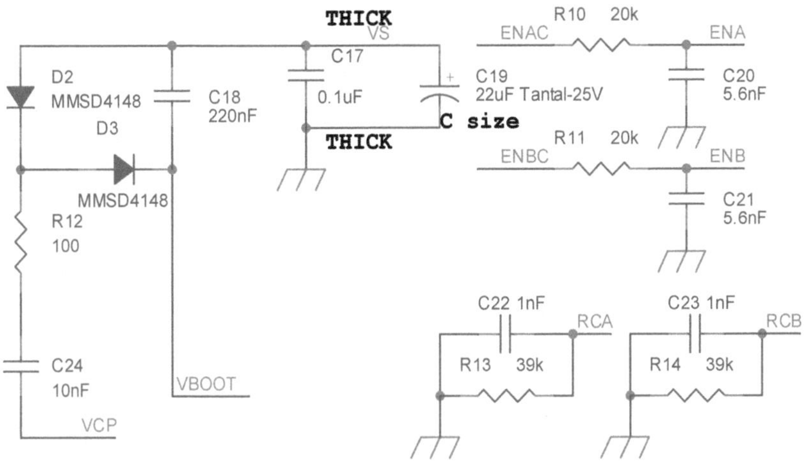

그림 3.8 l 6207 모터 드라이버 주변 회로

$$V_{out} = V_{inp}\frac{R_5}{(R_3+R_5)}$$

가 된다.

이 경우 출력 전압에 리플(Ripple)이 발생하게 되는데 리플의 양은 Capacitance의 크기를 조절하여 주면 된다. Capacitance의 크기가 크면 시간 지연이 발생한다.

그림 3.8에 보인 것은 드라이버 주변 회로인데, IC의 메이커에서 추천하는 회로와 별로 다르지 않다.

위에서 살펴본 직류 전동기 전용 드라이버 네 종류(L298, LMD18200, LMD18245, L6207)들은 모두 내부의 FET의 드레인 소스간 On저항($R_{DS}ON$ 저항) 이 모두 300 $m\Omega$로서 비교적 발열이 심하기 때문에 드라이버 칩의 방열에 주의하여야 한다. 이러한 드라이버 칩은 모두 PWM의 사용을 전제로 한 것이다. 따라서 PWM사용시 발생하는 전자파 노이즈가 있기 때문에 때로는 전자파 차폐를 하지 않으면 안되는 경우가 있다.

PWM을 사용하지 않고 Power OP Amp를 이용하는 방법도 있다. 많이 사용하는 방법은 아니지만 Power OP-Amp를 사용하면 PWM을 사용하지 않기 때문에 PWM노이즈를 신경 쓰지 않아도 된다는 장점이 있다. 그러한 소자중의 하나가 Burr-Brown 사의 OPA2544이다. 이 IC는 고전압-고전류의 출력이 가능하기 때문에(±35 V, 2A) 마치 Op-Amp를 사용하는 것처럼 회로를 설계하여 모터를 직접 구동할 수 있다는 장점이 있으나 발열이 많기 때문에 방열판을 설치해야한다. 아날로그 전압을 입력 받는데 아날로그 전압이 높게 설계되면 DA변환기가 따로 필요하게 된다.

이외에도 정교한 PWM의 사용은 불가능하지만 모터의 정역전 정도를 제어할 수 있는 전용 드라이버 IC(TA8050, BA6208)들이 사용되기도 한다. 이들 IC를 사용하면 모터의 토크나 속도를 정교하게 제어하는 것이 어려우므로 매우 단순한 소형 모터의 응용에만 사용한다,

3.2.6 Dynamic Brake

그림 3.4의 회로에서 아래 두개의 스위치가 모두 On되고 위 두 개의 스위치가 Off된다면 모터의 권선에 흐르던 전류가 최소한의 저항으로 모터 권선으로 흐를 수 있게 된다. 실제로 이렇게 만드는 것은 모터의 권선 두 개를 붙이는 결과가 된다. 모터가 어떤 회전하다가 회로의 스위치가 이러한 상태로 바뀌면 로터에 브레이크로 작용하는 전류를 만들어내게 되어 모터가 빠르게 정지되는데 이를 Dynamic Brake라고 한다. 이 경우에는 모터가 발전기로 작동하게 되는데 모터의 크기가 큰 경우에는 회생저항(regenerative resistor)를 달아서 회생 저항에서 회생 전력을 소모하도록 만들어 줄 수도 있다. 한편 모터가 회전하는 상태에서 네 개의 스위치가 모두 Off되면 Coasting Mode로 들어가는데 모터의 회전 속도가 천천히 줄어들게 된다.

3.2.7 기성 직류 전동기 드라이버의 분석

DC 서보 모터는 이제는 BLDC Motor나 PMSM모터에 밀려서 고성능과 정숙성이 요구되는 새로운 설계에서는 채택하지 않는 경향이 있다. 따라서 많은 종류의 견본품을 구입하여 분석하기에는 어려움이 있다. 이에 반하여 제어는 복잡하지만 여러 가지 장점을 가지고 있는 BLDC(PMSM) 모터 드라이버는 시장 판매가 높아지는 경향이 있기 때문에 많은 종류의 견본품을 구입하여 분석할 수 있다. 이 연구에서는 미국에서 가장 대중적으로 많이 사용되는 Gecko사의 DC Motor Driver, 국내 연구소에서 개발된 DC Motor Driver두종류, 그리고 Faulhaber 사의 MCDC3003C의 설계 등을 분석한다.

1) Gecko Drive분석

Gecko사의 DC 서보모터 Driver는 미국에서 대중적으로 사용되는 모터 드라이버이다. 우선 다른 상용 모터 드라이버에 비해 그 크기가 작으며 가격이 싸다는 장점이 있다. 그 크기는 폭64 mm 깊이 64 mm 높이 21 mm 이다. Pulse/Direction 신호를 이용하여 DC Servo Motor를 구동할 수 있으며, 18V-80 V까지의 모터를 구동할 수 있다. IR540 FET를 4개 사용하였으며, IR2102를 이용하여 FET Gate Driver로 사용하였으며, PID Gain을 조정할 수 있는 가변 저하 3개를 사용자에게 제공하고 있다.

제어 방식은 디지털 제어 방식이기는 하지만 CPU를 사용하지 않고 Counter, Comparator, Adder, Multiplier등의 Discrete 소자를 이용하여 디지털 제어를 구현하였다. 이 드라이버의 장점은 다른 모터 드라이버에 비해서 안정되어 있고 가격이 싸며, 인터넷으로 구매할 수 있을 정도로 구입하기에 편리한 점이다. 하지만 CPU를 사용하지 않고 Discrete 소자(TTL등)를 사용하여서 크기가 더 작아지기 어려운 면이 있고, IRF540을 사용하여 높은 전류와 전압에서 사용할 수 있기는 하지만 IRF540자체가 모터를 구동하기에는 불리한 측면을 가지고 있는 소자이며, 특히 발열이 많을 수 있다.

발열의 문제 때문에 알미늄 판을 이용하여 방열판겸 Case로 사용하고 있다. CPU를 사용하지 않았기 때문에 통신기능이 없어서 Networking에 의해서 동작 시킬 수 없다는 단점도 있다.

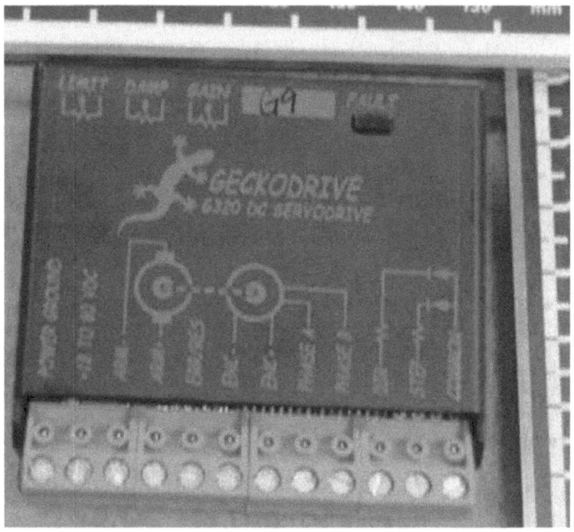

2) A 연구소의 DC Motor 드라이버 분석

이 DC Motor Driver는 드라이버 칩으로서 ST Micro사의 L298을 사용하여 하나의 드라이버로 두 개의 모터를 구동한다. CPU는 Texas Instrument사의 DSP Controller인 TMS320LF2406A을 사용하였다. 이 CPU는 16비트 40MHz로 동작하는 것이며, 100핀을 가지고 있다.

이렇게 많은 핀을 가진 CPU를 사용하였기 때문에 PCB의 크기가 약간 커졌다고 보인다. CAN Controller를 내장하고 있어서 CAN통신에 의한 구동이 가능하다. 단일 전원을 공급하면 내부에서 필요한 전원을 만들어 사용한다.

크기: 53 mm x 39 mm 높이 12 mm

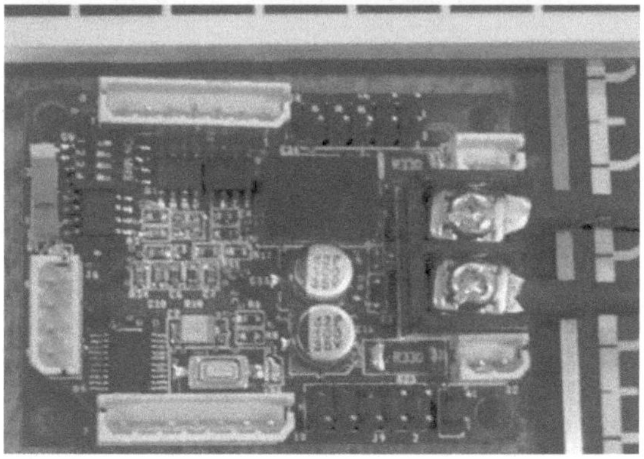

3) B 연구소의 DC Motor Driver 분석

이 드라이버는 PCB를 두 개로 나누어 상단의 PCB에서는 CPU를 포함한 제어의 기능을 가지고 있으며, 하단의 PCB는 모터 드라이버 회로가 실장되어 있다. CPU는 역시 TI사의 TMS320F2811을 사용하였다. 이 CPU는 32 비트의 150 MHz로 동작하면서 내부에 256 Kbyte의 Flash, 32 Kbyte의 RAM을 실장한 것이다.

DC Motor두개를 제어하는 데에는 충분한 용량의 CPU를 사용하고 있기 때문에 CPU의 Power가 남아서 모터를 제어하면서 다른 작업을 동시에 수행하는 데에 적합하다고 할 수 있다. 모터 드라이버는 역시 L298을 사용하였다. 역시 단일 전원을 투입하면 내부에서 필요한 전원을 만들어서 사용하며 CAN기능을 내장하고 있다. 복잡한 작업을 하면서 모터를 동작 시키는 데 적합하다고 보인다.

크기: 50 mm x 35 mm 높이 20 mm

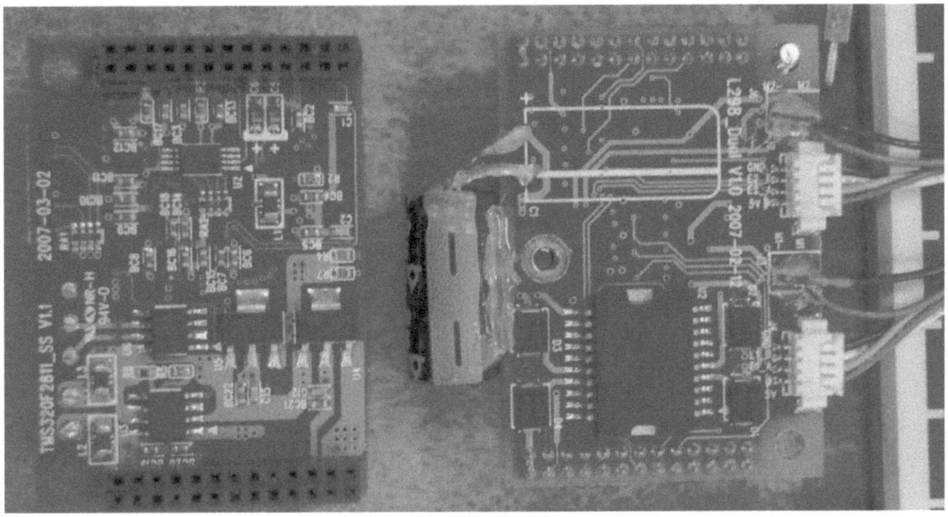

SAM
YOUNG
(M) 85°C

4) Faulhaber사의 DC Motor Driver 분석

이 드라이버는 세계적으로 고품질의 DC Motor를 공급하고 있는 Faulhaber사 (Swiss Amiet)가 제공하는 DC Motor Driver 이다. 이 드라이버는 12-36 V, 상시전류 6 A까지 사용이 가능하며 CAN통신(RS-232통신 기능이 있는 모델도 있음)이 가능하다. 다이캐스팅된 케이스와 알루미늄 3 mm 두께의 판재로 조립되어 있어 비교적 견고한 외장을 가지고 있다. CPU는 Motorola사의 DSP56F803을 사용하였는데 40 MIPS의 속도로 동작하는 16bit의 DSP이다. FET는 IRFR4105(N-Ch, Rdc_on저항=24.6 mΩ, 30 A, Total gate Charge 18 nC)을 사용하였고 Gate Driver 는 IR사의 IR2101S를 사용하였다. Faulhaber에서 제공하는 드라이버는 모두 같은 형상을 하고 있으며, FET 두 개만 더 붙이고 S/W만 교체하면 바로 BLDC Motor Driver로도 사용할 수 있도록 만들어져 있는 듯하다.

크기: 65 mm x 40 mm 높이 22 mm (통신 커넥터를 포함하면 27.7 mm)

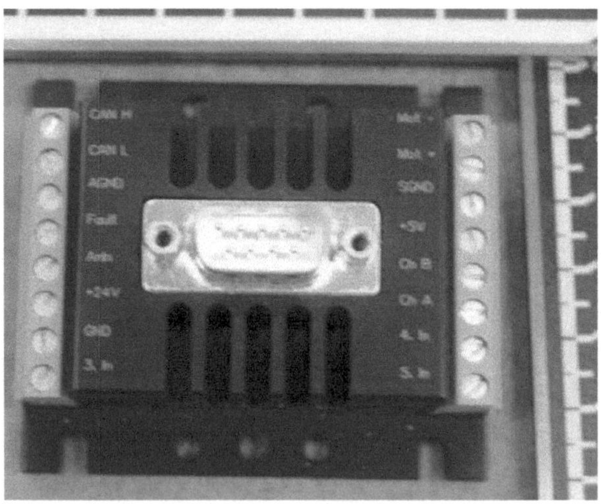

그림 3.9 Faulhaber사의 MCDC3003C 모터 드라이버

5) 국내 K 대학의 DC 모터 드라이버

국내 K 대학의 한 연구실에서는 80와트 이하의 DC모터를 구동하기 위한 직류 모터 드라이버를 다음과 같이 개발하였다.

1. 하나의 보드로 두 개의 모터(30 V이하)를 동시구동.
2. 크기: 35 mm x 40 mm, 높이 15 mm.
3. ST microelectronics의 L6235을 드라이버 칩으로 사용.
4. CPU는 Microchip사의 dsPIC33FJ128MC804 사용. 8개의 PWM과 2개의 QEI를 가지고 있으며, 8개의 10 bit AD변환기를 가진 40 MHz로 동작함.
5. CAN통신을 이용한 속도제어, TTL Level의 RS-232를 통신으로 제공.
6. 리미트 스위치 등의 입력을 위한 6개의 절연되지 않은 디지털 입출력을 제공.

이 모터 드라이버는 소형 모터를 소형의 드라이버로 구동하기 위하여 만들어 졌다.

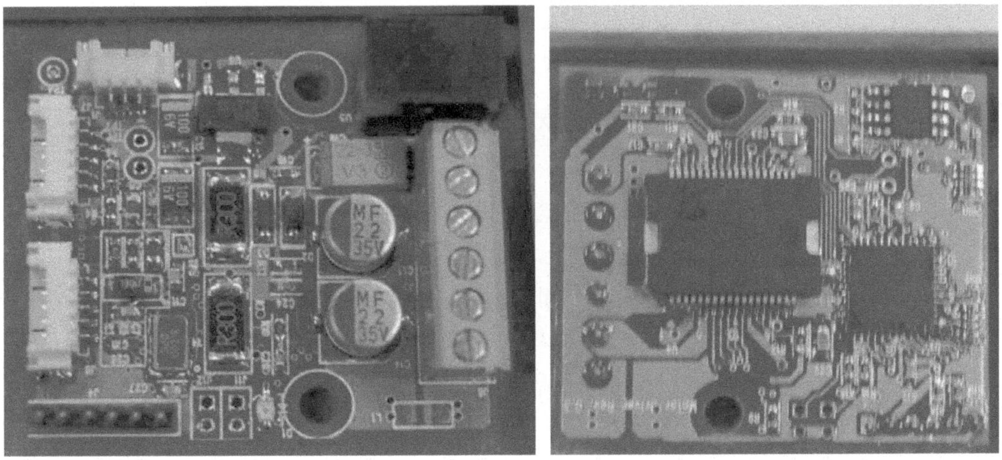

그림 3.10 국내 K대학의 DC 서보모터 드라이버(소형)

3.3 직류 전동기 구동용 CPU의 선정

단순히 직류 전동기를 구동하는 것은 PWM 신호만 잘 만들어서 파워 드라이버 측에 공급하면 모터를 회전 시킬 수 있다. 하지만 서보 모터를 구동한다는 것은 회전속도, 토크 그리고 회전 위치를 제어하는 것이 목적이기 때문에 어떠한 형태로든 회전 위치나 속도를 감지하기 위한 센서를 가지고 있어야한다. 이러한 센서로는 대부분 엔코더를 사용한다(라인 트레이서 같은 경우에는 바닥에 그려진 안내 무늬에서 광센서를 이용하여 센서로 사용한다.). 또한 모터로 들어가는 전류를 측정하여 전류 제어를 하기 때문에 AD 변환기가 내장된 것이면 전류 제어가 가능하다. 정리하면 다음과 같은 기능을 가지고 있는 것이 편리하다.

1. 엔코더 인터페이스를 위한 Quadrature Encoder Interface기능.
2. PWM 4채널
3. AD 변환 8-12비트 분해능 1 채널 이상
4. 내부 Flash Memory 4 k buyes 이상, RAM 512 byte이상.
5. 동작 속도: 1 MHz이상
6. 통신: CAN통신이 최근에 일반화 되어 있음. RS-232가 있으면 편리함. 이외에 IIC동신이나 SPI통신 기능이 있으면 편리함.

1번의 기능은 2장에서도 설명한 바와 같이 외장형의 엔코더 인터 페이스 IC를 부착하는 것이 이제는 구식이 되어 버렸기 때문에 이기능이 내장된 것을 사용하는 것이 여러모로 편리하기 때문이다. 내부 메모리는 모터 제어만을 위한 것이라면 클 필요가 없으며, 요즈음은 많은 경우 수천원 이하의 마이크로 컨트롤러도 이런 정도의 메모리는 내장하고 있다. 동작 속도 또한 직류 전동기의 구동을 위해서는 빠를 필요가 없다. 하지만 대부분의 경우 모터 드라이버를 만드는 경우에 다른 센서에서 들어오는 신호를 처리하여 주기 때문에 이 센서의 신호 처리를 위한 메모리와 속도를 고려하여야 한다.

이러한 기능이 있는 마이크로 컨트롤러들은 수많은 종류가 발매되고 있다. Capstone Design을 수행하는 대부분의 학생들은 Atmel사의 CPU에는 익숙하지만 불행하게도 Atmel사의 CPU에는 QEI기능을 가진 CPU를 찾아보기 힘들다. QEI기능을 가지지 않은 CPU의 경우 엔코더 인터페이스를 하기 위해서는 타이머를 사용하는 등의 방법을 사용해야하거나 외부에 PLD를 프로그램하여 부착하거나, 엔코더 인터페이스 전용 IC를 부착하여야하는데 상당히 번거로운 작업이 되기 때문에 추천하지 않는다.

ST microclectronics사에서는 엔코더 접속을 위하여 타이머를 사용하고 있는데 엔코더 신호의 필터링 기능을 사용하기 어렵다는 점을 제외하면 사용하기 어렵지는 않아 보인다. 엔코더 인터페이스기능을 가진 IC는 Microchip에서 많은 종류의 CPU를 저가에 공급하고 있다. QEI기능이 있다고 해서 가격이 많이 비싸지지 않는다. 엔코더 인터페이스 전용 칩의 가격이 만원을 넘어가는 것을 고려하면 QEI기능을 내장한 CPU의 가격이 4-8달러 내외로 구입할 수 있기 때문에 경제적이다.

요즈음은 16비트와 8비트 구조의 CPU가격이 많이 차이나지도 않는다. 따라서 대량 생산을 위한 것이 아니라면 16비트 이상의 CPU를 사용하는 것도 고려해 볼 수 있다. 오히려 16비트 급의 CPU가 다양한 주변기기를 내장하고 있고 속도가 빠르며 내장 메모리의 크기도 크기 때문에 개발하는 데에는 편리할 수 있다. 그렇다고 32비트 이상의 CPU를 사용하는 것은 모터만을 제어한다고 전제하면 지나친 성능의 CPU를 사용하는 것이 될 수 있다.

이렇게 본다면 DC서보모터를 구동하기 위한 마이크로프로세서는 마이크로 칩의 dsPIC30 계열과 dsPIC33 계열의 CPU중에서 QEI기능을 가진 것 중에서 선택하는 것이 합리적으로 보인다. dsPIC30 계열은 5 V작동이며, dsPIC33 계열은 3.3 V로 작동되는데 때로는 5 V로 작동하는 것이 전원관리나 입출력 전압 관리 등의 측면에서 편리한 경우가 있다. 이러한 CPU들은 DSP(Digital Signal Processor)의 기능이 있기 때문에 삼각함수나 PID 제어를 위한 연산 등에는 전용 라이브러리를 사용하면 계산시간을 특별하게 단축시킬 수 있는 장점도 있다. 그리고 ST microrlectronics의 8/16비트를 사용하는 것도 저렴한 가격으로 구현할 수 있기 때문에 장점을 가지고 있다고 보인다.

한편 모터 구동과 더불어 다른 센서 신호를 처리하는 일이 많다면 모터 드라이버를 위하여 QEI기능이 있는 DSP나 ARM코어를 가진 CPU들도 고려해 볼 수 있다. ARM 코어를 내장한 CPU들의 가격이 저렴해졌기 때문에 최근에는 선호되는 경향이 있다.

3.4 DC 서보 모터의 제어기 설계

여기에서는 모터의 동력학과 관련한 모터의 제어를 설명하려는 시도를 하지는 않는다. 그러한 내용은 자동제어 책이나 에너지 변환과 관련한 책을 참조하여야한다. 여기에서는 모터 드라이버의 구성과 소프트웨어 작성의 실제적인 방법을 설명하려고 한다. DC서보모터의 제어는 다른 형식 모터 제어의 기본이 되며, 다른 모터에서도 모터를 구동하는 구동단만 다르고 다른 제어루프는 동일하다고 볼 수 있다(단, 개루프 제어를 하는 스텝모터의 경우는 제외).

DC 서보모터의 제어는 다음 세 가지의 모드를 사용한다. AC서보모터나 BLDC모터의 경우에도 유사하거나 동일한 제어모드가 사용된다.

1. 토크제어: 모터에 흐르는 전류의 양에 비례하여 모터에서 발생하는 토크를 제어.
2. 속도제어: 모터의 회전 속도를 제어.
3. 위치제어: 모터의 회전 위치를 제어.

그림 3.11에 모터 제어의 개념도를 나타내었다. 가장 가운데에 있는 것은 전류 제어이다. 전류제어를 하기 위해서는 PWM제어를 사용하게 되는데 실제로 모터에 흐르는 전류는 PWM의 Duty에 따라 커지기는 하지만 정확히 비례하지는 않는다. 모터 속도에 따라 같은 Duty인 경우에도 실제 전류

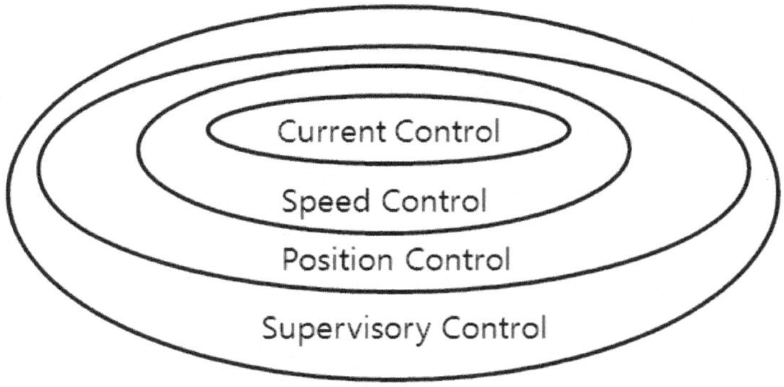

그림 3.11 모터 제어의 개념도.

의 양은 많이 달라지게 된다. 따라서 전류를 감지하는 션트 저항이나 전류 감지 센서 등을 이용하여 실제 모터에 흐르는 전류를 감지하여 전류를 제어한다.

그 다음이 속도 제어인데 속도 제어기는 현재의 속도를 감지하여 원하는 속도와 비교한 후에 원하는 속도가 유지 될 수 있도록 전류제어기에 전류 명령을 주게 된다. 또한 위치 제어기는 원하는 위치와 실제 모터의 위치를 비교하여 원하는 위치를 유지할 수 있는 속도 명령을 속도 제어기에게 전달하는 식으로 제어한다.

마지막으로 가장 바깥쪽에 모터의 관리 제어는 모터의 현재 상태를 감지하여 모터가 위험한 상태에 있지는 않은지, 외부에서 모터에게 새로운 명령을 주었는지 등을 감지하여 모터 드라이버 전체의 상태를 제어하게 된다. 모터 드라이버의 사용자는 전류제어를 사용하거나 속도 제어 또는 위치 제어를 선택하여 사용할 수 있다.

전류제어는 통상의 모터 제어인 경우 0.1 msec-1 msec이내의 샘플링 시간을 갖는 것이 보통이다. 속도제어는 전류제어의 4-10배, 위치 제어는 속도 제어의 4-10배 정도의 샘플링 시간을 갖는 것이 보통이다.

3.4.1 전류 제어기

전류 제어는 모터 제어의 핵심에 위치하고 있다. 따라서 전류 제어가 좋아야 모터의 속도 제어나 위치 제어의 성능도 좋아진다. 모터의 권선에 흐르는 전류는 모터의 권선에 가해지는 PWM신호의 Duty비에 따라서 커진다. 그러나 모터의 속도가 달라지면 같은 Duty를 가하더라도 모터에서 발생하는 역기전력 등의 원인으로 모터에 흐르는 전류는 달라진다. 모터 권선의 온도 상승도 전류에 영향을 미친다.

모터 전류를 측정하려면 모터의 권선에 흐르는 전류를 측정해야하는데, 션트저항을 이용하는 방법과 전류 감지 IC를 사용하는 방법이 있다. 보통은 전류 감지를 위한 션트 저항을 사용하는 경우가 많다. 전류 감지 저항은 보통 0.1 Ω~0.005 Ω사이의 저항을 많이 사용한다. 만일 모터 권선에 흐르는 전류가 5 A이고 저항을 0.03 Ω을 사용하였다면 션트 저항에서 나타나는 전압은

$$\begin{aligned} V_{shunt} &= R_{shunt} \cdot I_{winding} \\ &= 0.05 \cdot 5 = 0.25\,V \end{aligned}$$

이렇게 감지되는 전압은 종종 AD변환을 하기에는 너무 작은 경우가 많으므로 단일 전원 OP-Amp를 이용하여 증폭하여 사용한다. 또한 이 전압이 너무 크면 권선에 걸리는 전압을 떨어뜨리는 결과를 가져오므로 션트 저항은 낮을수록 좋다. 그러나 PWM 스위칭에 의해서 발생되는 노이즈 등

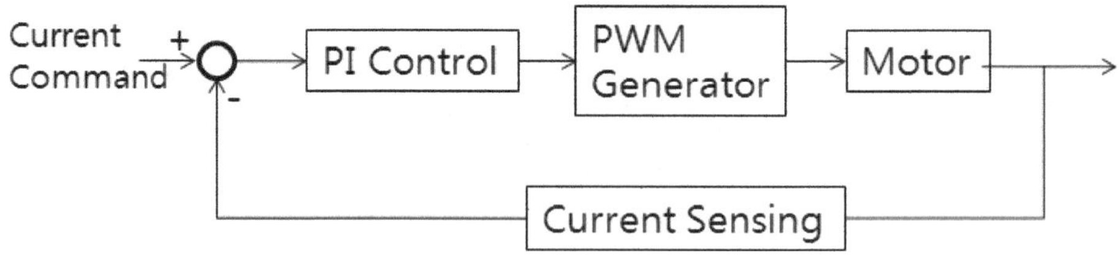

그림 3.12 모터 의 권선 전류(토크) 제어

에 의해서 너무 낮은 저항을 사용하는 경우에는 전류 감지가 어렵게 된다. 전류의 측정은 잡음이 많기 때문에 적절한 필터를 사용하는 것이 좋다.

전류의 제어를 위해서는 PID제어를 사용한다. 그중에서도 PI 제어를 사용하는 경우가 많다. 모터 드라이버 H/W를 제작한 후 가장 먼저 조정하는 것이 전류제어 루프의 이득이다. 전류 제어 루프 전체의 전달함수가 1에 가까워지도록 만드는 것이 목표임은 물론이다. PI제어에서는 입력으로 계단함수를 사용하였을 때의 응답에서 오버슈트(Overshoot)가 나타나는 것이 보통이다. 이 오버슈트가 없으면 좋겠지만 오버슈트를 없애주면 상승시간(Rise Time)이나 정착시간(Settling Time)이 길어지게 된다. 따라서 적당한 수준에서 이러한 응답의 특성을 조정해야하는데 보통은 오버슈트를 10%-20%정도 허용하는 정도에서 이득을 조절하는것이 보통이다. 상용의 모터 드라이버는 이러한 이득을 조정하기 위해서 사용자가 가변저항을 돌려서 조정하거나 통신에 의하여 이러한 이득을 조정할 수 있게 하여주고 있다.

전류 명령을 주어서 모터의 토크를 조정하는 토크제어는 모터를 사용하는 가장 기본적인 방법이다. 자동제어 교과서나 로봇 공학교과서에 나오는 방법들의 대부분, 특별히 계산된 토크법(Computed Torque Method)에 의한 로봇의 제어에서는 무조건 모터를 토크모드(전류모드)로 설정하여 사용할 수 밖에 없다. 제어를 위해서 동력학을 계산하면 마지막으로 나오는 것이 토크이기 때문이다. 또한 로봇의 힘-토크제어(Force-Torque Control)를 하기 위해서는 필연적으로 모터를 토크모드에 놓고 프로그램을 해야 한다.

그러나 대부분의 모터는 토크모드에서 사용하지 않는 것이 보통이다. 토크모드로 사용하는 경우에는 모터-모터와 연결된 시스템의 기구학과 동력학을 비교적 정확하게 알 수 있을 때에 한정된다. 따라서 시스템의 동력학 모델을 알지 못하는 경우에는 사용할 수 없는 경우가 대부분이다. 이러한 경우에는 속도제어나 위치 제어를 사용한다. 따라서 대부분의 모터드라이버는 토크모드에서 사용하지 못하고 속도나 위치 제어모드에서 사용하게 된다.

토크모드에서 모터드라이버를 사용하는 경우에는 특별히 안전에 주의하여야한다. 시스템의 저항이 작은 경우, 예를 들면 모터에 부하가 걸리지 않은 경우, 작은 토크명령이 모터 드라이버에 가해지면 모터는 모터의 회전 저항이 토크명령보다 크거나 같아 질 때까지 가속되어 지게 된다. 따라서 갑자기 고속회전(거의 모터의 최대 회전 속도)을 하게 되기 때문에 위험하다. 특히 모터 축에 바람개비나(Fan) 프로펠러 등이 부착된 경우에 위험하다. 공장 자동화등에서 사용하는 서보모터는 토크모드로 설정하여 사용하는 경우는 극히 드물다.

3.4.2 속도 제어기

속도제어루프는 전류 제어루프 밖에 위치하고 있으며, 전류루프에 전류 명령을 제어함으로서 모터의 속도를 제어한다. 속도를 제어하기 위해서는 모터의 속도를 측정해야하는데, 회전 속도를 측정하기 위한 타코메터(Tachometer)를 엔코더와 함께 부착하는 경우도 있지만 엔코더만 부착하고 엔코더에서 감지되는 위치 값을 미분하여 속도 값으로 환산하여 사용하는 것이 보통이다. 속도 제어를 위해서는 타코메터를 장착하는 것이 좋다고 알려져 있지만 타코메터를 부착하게 되면 모터의 몸체가 커지는 문제가 있어서 엔코더만 부착하는 것이 보통인데, 엔코더 값에서 속도를 계산하는 데에 다음 세 가지 방법을 사용할 수 있다.

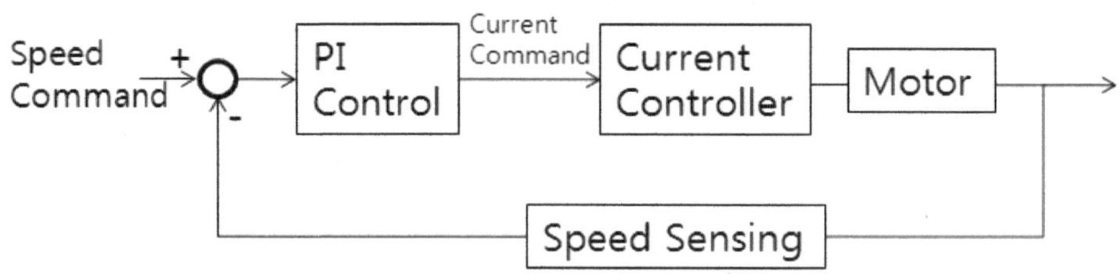

그림 3.13 속도 제어 루프

◈ 일정시간동안 측정되는 펄스수를 계수하는 방법(M 방식)

모터 제어를 위해서는 주기적인 인터럽트(Interrupt)를 사용하게 되는데, 이를 이용하여 한 주기(일정시간)동안 발생한 엔코더 수의 증감을 계수하여 속도를 추산하는 방법이다. 예를 들어 1회전 당 10000 pulse가 발생하는 엔코더를 장착한 경우에 0.001초에 50펄스(m)의 엔코더 펄스가 증가하였다면 이 때 모터의 회전 속도(rpm)은 다음과 같이 계산할 수 있다.

$$\text{회전자변위 } X = \frac{m}{PPR} \cdot 2\pi \ (rad)$$

PPR:Encoder의 1회전당 펄스, pulse per revolution

$$\text{각속도}\omega_m = \frac{X}{T_C}$$

Tc: Sampling Time

$$N_{rpm} = \frac{60}{2\pi}\omega_m = \frac{60 \cdot m}{T_c \cdot PPR}$$

$$T_c = 0.001,\ PPR = 5000,\ m = 50$$

이므로 이 값들을 대입하면,

$$N_{rpm} = \frac{60 \cdot 50}{0.001 \cdot 10000} = 300\ rpm$$

이 된다.

이 방법은 엔코더의 분해능이 높은 경우에는 모터의 속도가 잘 계산되고, 측정 시간이 항상 일정하다는 장점이 있어서 많이 사용된다. 단점은 모터의 속도가 늦거나 엔코더의 분해능이 낮으면 정밀도가 떨어져서 사용하기 어렵다는 것이다.

◆ 엔코더 펄스 사이의 시간을 측정하여 속도를 계산하는 방식(T-방식)

이방법은 엔코더에서 펄스가 발생할 때마다 펄스가 발생하는 시간간격을 측정함으로서 속도를 측정한다. 또는 몇 개의 펄스가 발생할 때까지 소요된 시간을 측정하여 모터의 속도를 측정한다.

$$\text{회전자변위 } X = \frac{2\pi}{PPR}\ (rad)$$

PPR:Encoder의 1회전당 펄스

엔코더 펄스의 한 주기동안 m개의 펄스가 세어졌고, 펄스의 각격은 T_c 이라면 1초동안 회전자가 회전하는 각도는

$$\theta = \frac{X}{m\,T_c}$$

rad가 되고, 이 때 회전 속도(rpm)은

$$N_{rpm} = \frac{60}{m\,T_c\,PPR}$$

이 된다.

이 방법은 저속에서의 속도 측정이 정확하지만 고속에서는 측정의 분해능이 떨어진다. 따라서 분해능이 낮은 엔코더를 사용하는 경우와 저속에서 사용하면 좋다.

◆ m-방식과 T-방식을 같이 사용하는 방법

이 방법은 m 방식과 T-방식을 혼용하는 방법이다. m 방식으로 한번 측정하고 난후에 다시 T-방식으로 측정한 후에 두 측정의 결과를 혼합하는 것이다. 이 방법은 산업계에서 실제로 많이 사용하는 방법이다.

위에 속도 제어루프의 가장 기본적인 형태를 보였는데, 꼭 이러한 방법을 사용하는 경우만 있는 것은 아니다. 경우에 따라서는 속도를 어느 정

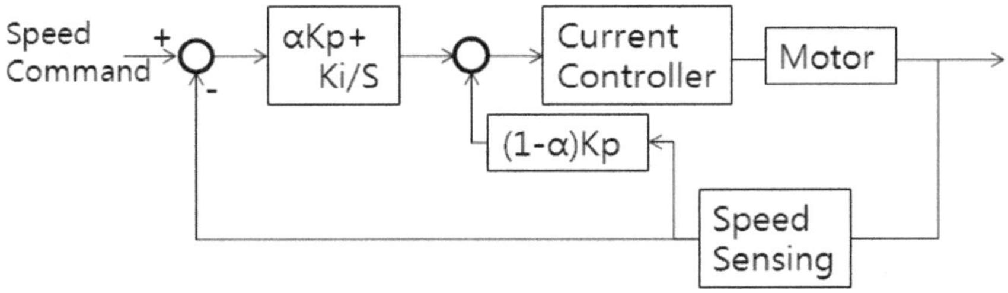

그림 3.14 PI-IP제어기의 개략구조

도 feedforward해주는 방법을 사용하기도하고 PI-IP형 속도 제어기를 사용하기도 한다. feedforward의 효과 와 IP-PI제어방법에 대하여서는 자동제어 교과서를 참조하여야한다. 실제 산업용으로 많이 사용하는 속도 제어기는 IP-PI제어기인 것으로 알려져 있다.

3.4.3 위치 제어기

위치 제어기도 앞에서 보인 속도제어기나 전류제어기와 기본적인 구조는 같지만 실제 제어는 PID제어를 하는 것이 보통이다. 위치명령을 주는 방법은 통신에 의해서 위치명령을 내려주는 방법도 있고, 스텝모터에서처럼 두 선을 사용하여 한선으로는 Pulse를 주고 다른 한선으로는 회전 방향을 주는 방법을 사용하기도 한다. 후자의 방법은 상용 드라이버에서 많이 사용하

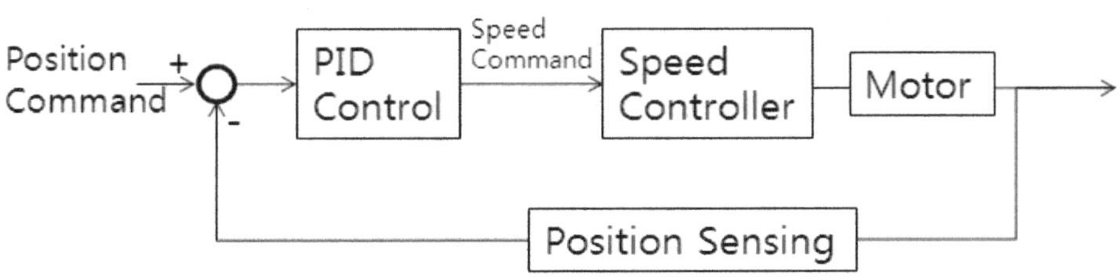

그림 3.15 위치제어 루프

고 있다. 이러한 방식을 사용하는 경우 드라이버에서는 펄스가 들어오는 속도에 따라 속도 제어에서 설명한 M 방식과 T-방식, M-T혼합방식을 사용할 수도 있다.

3.4.4 관리 제어(Supervisory Control)

여기에서는 관리제어라는 용어를 사용하였지만 적절한 용어는 찾아보기 힘들었기 때문이다. 모터가 정상적으로 동작하고 있는지를 감시하면서, 모터의 제어와 관련된 작업을 수행하는 S/W모듈이며 때에 따라서는 경로생성과 관리등이 포함되기도 한다. 모터 드라이버의 제어시 다음과 같은 작업이 여기에 포함될 수 있다.

1. 시스템 제어기와의 통신: 통신을 통하여 제어 이득값 등을 변경시키기도 하고, 모터와 관련된 파라메터들을 변경하거나 현재의 모터 드라이버 상태를 사용자에게 보여주는 등의 작업을 수행.
2. 리미트 스위치 에 의한 동작의 시작과 정지 제어.
3. 위치 제어시 위치오차관리: 위치 오차가 미리 정한 범위를 벗어나게되면 경고 LED를 점멸하거나 모터를 정지 시키는 등의 미리 정해진 작업을 수행.
4. 속도오차 관리: 속 오차가 미리 정한 범위를 벗어나게 되면 경고 LED를 점멸하거나 모터를 정지 시키는 등의 미리 정해진 작업을 수행.
5. 과전류 관리: 순간적인 과전류, 수초 동안의 과전류, 수십초 이상의 과전류 등의 과전류의 범위와 시간을 정해서 그러한 범위를 넘는 경우에는 자동으로 안전한 상태로 모터를 정지시키는 작업을 수행.
6. 드라이버의 온도 관리: 드라이버 내부, 특히 FET등 구동소자의 온도를 측정하여 온도가 올라가게 되면 적절한 조치를 취하는 작업을 수행.
7. 단선 검사: 모터와 연결된 엔코더 신호선등의 단선이 발생하는 것을 관리.

8. 드라이버 오류/이력의 저장 및 관리. 과거에 발생하였던 드라이버의 고장 내용을 저장하고 관리하며, 누적 운전시간 등을 계산하여 저장하고 보여주는 등의 작업을 수행.
9. 브레이크 관리.

사실 모터의 전류제어 속도 제어와 위치제어를 앞에서 길게 설명하였지만 실제로 이러한 제어를 위한 프로그램의 양은 극히 미미하다고 할 수 있다. 그러나 지금 설명하고 있는 관리제어는 작업의 다양성 때문에 서보 드라이버 프로그램의 대부분을 차지한다고 볼 수 있다. 그리고 이러한 관리 프로그램이 충실하게 만들어지면 사용자가 사용하기 좋은 모터 드라이버가 된다. 실제로 전류/속도/위치 제어를 위한 프로그램은 100줄 내외에서 완료할 수 있다. 하지만 관리 프로그램의 양은 전체 프로그램양의 95%이상을 차지한다고 보아도 좋을 정도로 많은 프로그램이 필요하다.

점대점(Point to Point)운동을 하는 경우의 모터의 가감속, 모터 두 개 이상이 연동 되는 경우에 필수적으로 발생하는 연속적인 경로 관리 등은 로봇 공학관련 책이나 논문을 참조하여야한다.

3.5 DC 서보 드라이버를 위한 자료.

이제는 DC서보 드라이버의 설계가 학부수준의 실습정도로 내려갔다. 매우 보편화 되었다는 것이다. 이 때문에 오히려 자료가 많지는 않은듯하다. DC서보모터의 제어는 PWM을 가하는 방법과 Bridge회로를 구성하는 방법만 알면 나머지는 자동제어와 마이크로프로세서에 관한 지식만 있으면 가능하기 때문이 아닐까 생각한다.

1. www.st.com : st Microclectronics의 모터 제어 IC에 관한 자료가 있다. 여러 가지 Application Note가 제공되는데 많은 도움이 된다.
2. www.microchip.com : motor control로 찾아 들어가면 여러 가지

모터의 구조와 구동방법의 원리에 대하여 나와 있다. DC 서보모터의 드라이버를 위한 Application Note도 도움이 될 것이다.

3. www.maxonmotor.com : 우리에게 스위스 모터라고 알려져 있는 맥슨 모터에 관련된 자료를 모두 찾아볼 수 있다.
4. www.faulhaber.com : 이회사의 모터도 우리에게는 스위스 모터로 알려져 있다. DC 모터를 포함한 EC 모터(BLDC 모터)의 자료를 찾아볼 수 있다.

서적으로는 DC서보 모터를 위한 책은 찾아보기 힘들다. 다만 아래의 책이 거의 모든 종류의 모터의구조와 구동원리들이 설명되어 있으므로 어떠한 모터를 구동하더라도 참고가 된다.

1. "Handbook of Electric Motors", Marcel Deker, Ed. Richard H. Engelmann, William H. Middendorf, 1995.
2. 제어 시스템에 관한 책: 교과서수준의 자동제어 책들을 참고한다.
3. 여러 가지 로봇 공학 책: 모터의 제어가 설명되어 있는 책이 많고, 대다수의 책들은 경로 계획에 관련된 내용을 포함하고 있다.

Chapter 4

스텝 모터 드라이브의 설계

스텝모터는 브러시가 없는 모터중의 하나다. 모든 권선은 고정자에 감겨져 있고, 회전자는 영구자석으로 만들어져 있는 것이 보통이다. 단 Variable reluctance 형의 스텝모터는 회전자가 연강으로 만들어진 톱니 모양을 하고 있다. 서보모터와 같은 복잡한 제어가 없이도 서보모터처럼 속도를 제어할 수 있으며, 엔코더 같은 회전위치 센서가 없어도 회전위치의 제어도 가능하기 때문에 손쉬운 제어성으로 널리 사용된다.

서보모터는 보통 전류와 회전위치(혹은 회전 속도)를 측정하여 폐회로 제어(closed loop control)를 행하는 것이 보통이지만 스텝모터의 경우에는 개회로 제어(open loop control)만으로도 적절한 성능을 얻을 수 있다. 그러나 모터의 회전 위치를 감지하는 센서를 보통은 사용하지 않기 때문에 스텝모터의 회전중에 과부하가 걸려서 회전의 탈조가 일어나는 경우에는 회전 위치가 제어되지 않는 경우가 있다. 이를 위하여 스텝모터에 Encoder를 같이 부착하여 사용하는 경우도 있다.

4.1 스텝모터의 종류와 특징

4.1.1 Variable Reluctance Motor

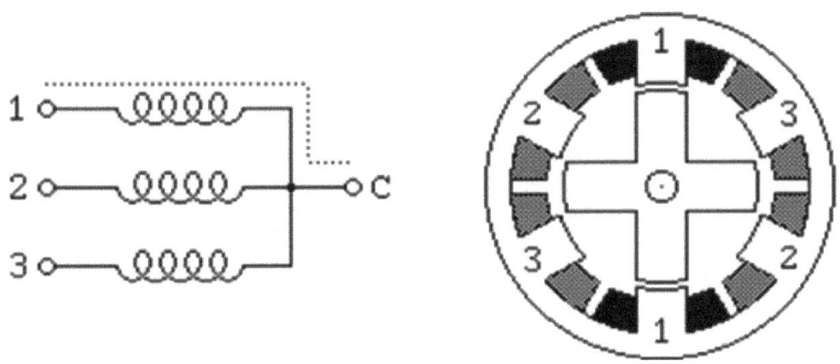

그림 4.1 Variable Reluctance Motor의 구조
(http://www.cs.uiowa.edu/~jones/step/types.html에서 인용)

가변 3개의 권선을 가진 Reluctance 스텝모터의 구조를 그림 4.1에 보였다. 이러한 형태의 모터는 공통 단자(Common)는 전원공급기의 양극으로 연결되고 3개의 권선이 순차적으로 자화되면서 내부의 연강으로 만들어진 코어를 당기면서 모터가 회전하게 된다. 이 그림에서는 한 스텝에 30도씩 회전하게 되어 있다. 이러한 형태의 모터는 권선을 순차적으로 자화시켜주면 되기 때문에 드라이버 회로가 대단히 간단해 진다.

4.1.2 단극 스텝모터(Unipolar Step Motor)

단극 스텝모터는 5개 혹은 6개의 전선이 아래 그림처럼 배치되어 있다. 모터의 중앙에는 영구 자석형인 경우에는 영구자석이 배치되어 회전자로 사용된다. 모터 권선 두 개의 중간에서 두 개의 선을 인출하고 있는데 이 선들은 전원공급기의 양극과 연결된다. 또한 두 개의 권선양끝의 두 단자는 서로 번갈아 가면서 전원 공급기의 GND단자와 연결되면 모터가 회전하게 된다.

그림 4.2에서는 1번 권선의 중앙 단자에서 a단자 쪽으로 전류가 흐르는 경우에 모터의 고정자 상단이 N극으로 자화되고 아래 부분이 S극으로 자화

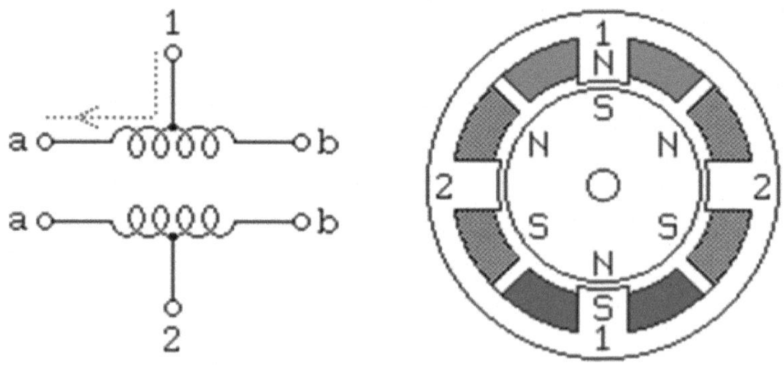

그림 4.2 단극 스텝모터의 구조
(http://www.cs.uiowa.edu/~jones/step/types.html 에서 인용)

된다, 이 경우에는 그림 4.2와 같은 위치에서 회전자의 위치가 고정된다. 다음과 같은 순서로 단자가 GND로 연결되면 모터가 시계방향으로 1회전 하게 된다.

이러한 방식을 1상 여자방식이라고 부른다.

1a ➜ 2a ➜ 1b ➜ 2b ➜ 1a ➜ 2a ➜ 1b ➜ 2b ➜ 1a ➜ 2a ➜ 1b ➜ 2b

따라서 한 스텝은 30도에 해당된다. 이 방법은 언제나 하나의 권선이 여자 되는 방식이다. 다음과 같은 순서로 두 개의 권선이 동시에 여자 되어도 모터가 회전한다.

(1a,2b) ➜ (1a,2a) ➜ (1b,2a) ➜ (1b,2b) ➜ (1a,2b) ➜ (1a,2a) ➜ (1b,2a) ➜ (1b,2b) ➜ (1a,2b) ➜ (1a,2a) ➜ (1b,2a) ➜ (1b,2b)

이 순서대로 여자 되면 모터의 토크가 40%정도 높아진다고 알려져 있으나 두 배정도 많은 전류를 소모한다. 이러한 방식을 2상 여자방식이라고 한다.

위에 설명한 두 가지의 방식을 혼합하면 half Step으로 회전할 수 있다. 이러한 방법으로 여자 시키는 것을 1-2상 여자 방식이라고 한다.

(1a) ➜ (1a,2a) ➜ (2a) ➜ (1b,2a) ➜ (1b) ➜ (1b,2b) ➜ (2b) ➜ (1a,2b) ➜(1a) ➜ (1a,2a) ➜ (2a) ➜ (1b,2a) ➜ (1b) ➜ (1b,2b) ➜ (2b) ➜ (1a,2b)

4.1.3 양극 스텝모터(Bipolar Step Motor)

Bipolar Step Motor의 구조를 아래그림에 나타내었다. 양극 스텝모터는 단지 4개의 선이 모터의 고정자에서 인출될 뿐이며, 각기의 권선에 흐르는 전류가 양 방향으로 흐르게 된다.

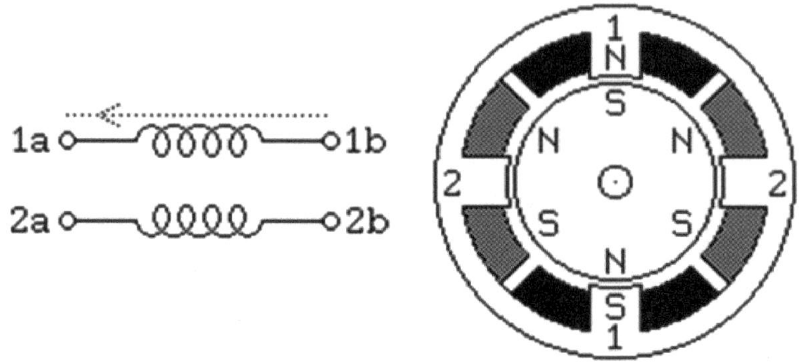

그림 4.3 Bipolar Step Motor의 구조

이러한 구조의 모터를 구동하기 위해서는 권선에 흐르는 전류의 방향을 바꾸어 주어야하기 때문에 두 개의 Full Bridge가 필요하게 된다.

여자의 순서는 다음과 같이 할 수 있다.

1a단자	+	–	–	–	+	–	–	–	+	–	–	–	+	–	–	–
1b단자	–	–	+	–	–	–	+	–	–	–	+	–	–	–	+	–
2a단자	–	+	–	–	–	+	–	–	–	+	–	–	–	+	–	–
2b단자	–	–	–	+	–	–	–	+	–	–	–	+	–	–	–	+

또는 다음과 같은 순서로 여자시켜 줄 수도 있다.

1a단자	+	+	–	–	+	+	–	–	+	+	–	–	+	+	–	–
1b단자	–	–	+	+	–	–	+	+	–	–	+	+	–	–	+	+
2a단자	–	+	+	–	–	+	+	–	–	+	+	–	–	+	+	–
2b단자	+	–	–	+	+	–	–	+	+	–	–	+	+	–	–	+

4.1.4 5상 스텝모터(5 phase Step Motor)

5상 스텝모터는 다른 방법에 의한 구동 보다 효율적으로 토크를 발생 시키면서도 진동이 작다고 알려져 있다. 따라서 스텝모터의 응용중에서 보다 좋은 응답을 얻기 위하여 사용된다. 5상 스텝모터는 5개의 권선이 독립적으로 감겨 있는 고정자를 가지고 있다고 볼 수 있다. 이 다섯 개의 권선에서 각기 두 개의 선을 인출하는 경우도 있으며, 인접한 권선과 연결하여 하나의 선만을 인출하여 다섯 개의 선이 인출되는 경우도 있다. 보통은 다섯 개의 선이 인출되어 있는 경우가 많은 듯하다. 이러한 모터의 구동 방식은 다섯 개의 Half Bridge를 사용하여 구동하는 것이 보통이다.

다음과 같은 순서로 여자시킬 수 있다.

단자 1	+	+	+	-	-	-	-	-	+	+	+	+	+	-	-	-	-	-	+	+
단자 2	-	-	+	+	+	+	+	-	-	-	-	-	+	+	+	+	+	-	-	-
단자 3	+	-	-	-	-	-	+	+	+	+	+	-	-	-	-	-	+	+	+	+
단자 4	+	+	+	+	+	-	-	-	-	-	+	+	+	+	+	-	-	-	-	-
단자 5	-	-	-	-	+	+	+	+	+	-	-	-	-	-	+	+	+	+	+	-

이 방법은 한스텝이 진행 될 때마다 하나의 단자의 상태가 변한다는 것이다. 또는 오리엔탈 모터에서는 다음과 같은 4상 여자 시스템을 사용하기도 한다.

단자 1	+	+	+	+	0	-	-	-	-	0	+	+	+	+	0	-	-	-	-	0
단자 2	0	+	+	+	+	0	-	-	-	-	0	+	+	+	+	0	-	-	-	-
단자 3	-	0	+	+	+	+	0	-	-	-	-	0	+	+	+	+	0	-	-	-
단자 4	-	-	0	+	+	+	+	0	-	-	-	-	0	+	+	+	+	0	-	-
단자 5	-	-	-	0	+	+	+	+	0	-	-	-	-	0	+	+	+	+	0	-

오리엔탈 모터에서는 이 방법이 더 안정적이라고 추천하고 있지만 결과는 알려져 있지 않다. 5상 스텝모터 이외에 3상 스텝모터가 산요전기등에서 발매되고는 있지만 많이 사용되지는 않는 듯하다.

4.1.5. 스텝모터의 Microstep 구동

위에 설명한 방법에 의하여 스텝모터를 구동하는 경우에는 각 스텝의 사이에서 미시적으로 정지하였다가 다시 회전하는 것으로 볼 수 있기 때문에 필연적으로 진동이 일어날 수밖에 없다. 스텝모터는 기본적인 구조가 PMSM(혹은 BLDC)모터와 유사하다.

그림 4.4에서 1과 2가 두 개의 권선에 가해지는 전류일 때 두 개의 권선에 의하여 가해지는 전류는 두 권선 전류의 합인 S곡선이 된다. 이렇게 구동하게 되면 권선에 가해주는 전압(전류)를 매순간마다 바꾸어 주어야하는 부담이 있기는 하지만 부드러운 회전이 가능하게 된다.

이렇게 스텝모터에 사인파와 유사한 입력을 가하는 방법을 마이크로 스텝 구동(Microstep drive)이라고 한다. 이론적으로는 한 스텝을 무한대로 나누어 구동할 수도 있겠지만 보통은 32 step정도로 나누어 구동한다. 더 많은 스텝으로 나누어 구동하는 경우 드라이버 CPU가 빨라 져야하는데 그 만큼의 효과가 나오지는 않기 때문인 듯하다.

그러나 Parker사의 Motor(Compumotor)에서는 1990년대 이전부터 마이크로 스텝 구동을 실현하였으며, 모터의 한 회전을 10만등분 이상으로 세분하여 구동하면서도 높은 회전 속도를 발생하는 드라이버를 제공하고 있다. 이러한 모터와 드라이버는 상당히 고가이면서 특수한 드라이브 회로를 사용하는 듯하다.

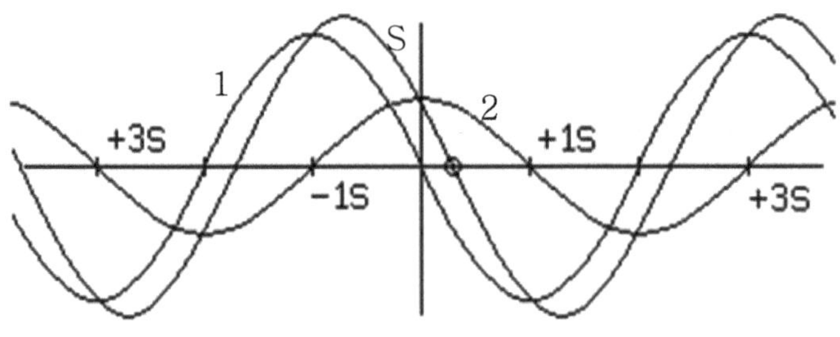

그림 4.4 마이크로 스텝의 원리
(http://www.cs.uiowa.edu/~jones/step/physics.html에서 인용)

이러한 구동 방법에 대하여서는 잘 알려져 있지 않으며, 이책이 다루려 하는 범위도 아니다. 가격이 고가이기 때문에 AC Servo 모터를 사용하는 것과 차이가 적을 것이다. 한편 오리엔탈 모터의 벡스타(Vexta) 알파 스텝 드라이버는 모터에 엔코더를 부착하여 마이크로 스텝구동으로 폐회로 제어를 하는 경우도 있다.

4.2 스텝모터와 관련된 용어

스텝모터의 구동과 관련된 용어는 다른 형태의 모터보다 복잡하다. 모터의 사용자의 입장에서 필요한 몇가지 용어를 아래에 요약하였다. 보다 자세한 용어는 상용 모터드라이버의 사용자 설명서에 잘나와 있거나 모터 전문 서적에 잘나와 있으므로 참고한다.

◈ holding torque:

모터에 정상적인 전류를 가하였을 때 모터축에서 발생하는 회전력

◈ detent torque:

혹은 cogging torque라고도 부른다. 하이브리드형 모터에서는 권선에 절류가 흐르지 않아도 모터 축을 돌리려면 자유롭게 돌아가지 않고 어느 정도의 회전력을 주어야 돌아간다. 이 회전력을 말하는데 reluctance형 스텝모터에서도 적은 양이기는 하지만 나타난다. 하이브리드 형의 경우에는 이양이 holding 토크의 4-20%범위에 있다고 한다.

◈ 공진(resonance)속도:

모터가 회전하는 경우에 모터와 모터에 부착된 구조물의 진동이 커지게 되는 속도가 있는데 이 속도를 공진 속도라고 한다. 공진 속도는 구동 방식에 따라 달라지며 모터에 부착된 기구물의 구조에 따라서 달라진다. 모터가 공진점 근처에서 동작하자 않도록 해야 하는데, 공진점 근처는

빠르게 지나가거나 구동 방식을 변경하여 공진하지 않도록 만들어 주는 것이 필요하다. 높은 토크와 작은 회전 관성은 공진 속도가 높아지는 것을 의미한다.

◆ pull in torque(speed):

모터가 회전을 사작하거나 멈추거나 역방향 회전을 할 수 있는 토크(속도)

◆ pull out torque(speed):

모터가 입력 신호와 동기화되어 동작할 수 있는 토크(속도). 일반적으로 모터가 멈추지 않고 동작할 수 있는 최대 속도를 말한다.

◆ **최대 운전속도(Maximum running speed):**

모터에 부하가 가해지지 않은 상태에서 회전할 수 있는 최대 속도

◆ **최대 기동 속도(Maximum starting speed):**

모터가 정지해 있다가 회전을 시작할 수 있는 최대 속도.

4.3 스텝모터 드라이브의 설계

스텝모터는 보통 개루프 제어를 하기 때문에 미리 정해진 순서대로 권선을 여자시켜 주면 모터가 회전한다. 따라서 쉽게 모터를 돌릴 수 있다는 장점이 있어서 모터 제어 입문자들이 처음으로 접하는 모터이기도 하다. 사실 Compumotor나 알파 스텝의 경우를 제외하고, 보통의 성능을 발휘하는 스텝모터의 구동은 모터가 대형이 아닌 경우에는 전용 드라이버가 시판되고 있어서 그다지 어렵지 않다. 여기에서는 Capstone Design을 진행할 때 자주 접하게 되는 하이브리드형 스텝모터의 드라이브를 중심으로 기술하고자 한다.

4.3.1 Unipolar 스텝모터의 구동

그림 4.7 ~ 4.9에 Unipolar스텝모터를 구동하기 위한 모식도를 나타내었다. Unipolar 스텝모터의 경우에는 권선의 중앙 단자에 전원의 양극을 연결하여 주고, 두 권선의 양단(4곳)에 스위치를 연결하여 이 스위치가 닫혀서 GND와 연결하는 순서를 맞추어 주면 모터가 회전하게 되는 것이다.

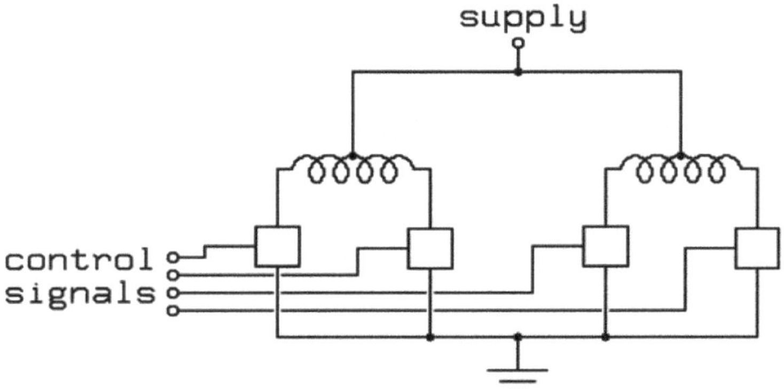

그림 4.6 Unipolar 스텝모터의 구동(http://www.cs.uiowa.edu/~jones/step/circuits.html에서 인용)

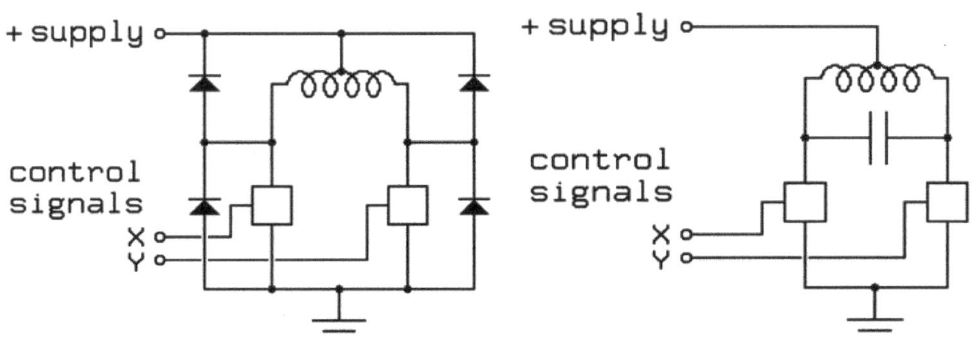

그림 4.7 전압 스파이크 방지를 위한 방법
(http://www.cs.uiowa.edu/~jones/step/circuits.html에서 인용)

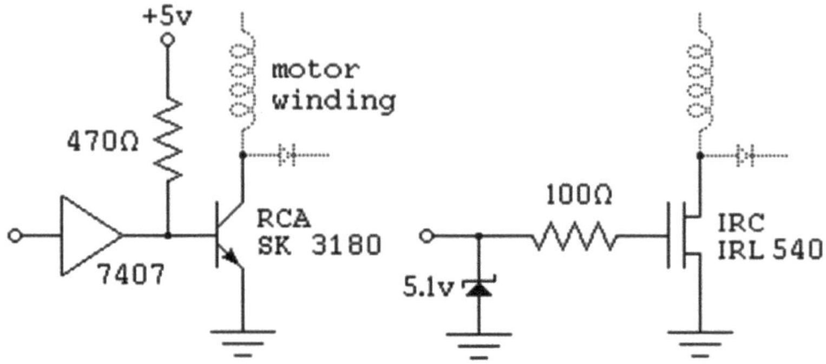

그림 4.8 Unipolar Motor의 스위치 실제 구성 예
(http ://www.cs.uiowa.edu/~jones/step/circuits.htmldptj 인용)

문제는 이 스위치로 어떠한 것을 사용하느냐는 것이다.(그림 4.7에 나타낸바와 같이 스위치의 개폐에 의해서 야기되는 전압 스파이크를 억제하기 위하여 다이오드나 Capacitor를 부착하는 것이 좋다.)

스위치는 기본적으로 다음과 같은 형태를 가지고 GND와 연결되어야 한다. 그림 4.8의 왼쪽은 Open Collector출력을 가지는 7407을 이용하여 달링턴 TR을 구동하여 GND와 연결하는 방법이고, 오른쪽의 그림은 N-Channel FET를 이용하여 GND에 연결하는 방법이다. 이러한 방법은 스텝모터의 경우 On-Off의 주기가 비교적 길기 때문에 문제없이 사용할 수 있다.

모터의 권선 전류가 500 mA이하인 경우에는 ULN20xx(예를 들면 ULN2003) 혹은 ULN28xx(예를 들어 ULN2803)을 스위치 대신 사용할 수 있다. 이러한 IC들은 하나의 칩내부에 7-8개의 달링턴 TR을 내장하고 있으며 보호 다이오드를 내장하고 있기도 하다. 구하기 쉽고 저렴하기 때문에 작은 스텝모터를 구동하는 데에 적합하다. 600 mA에 50 V이하에서는 Allegro사의 A6800 시리즈나 ST microelectronics사의 STA402를 사용할 수 있다. 이 IC는 하나에 네 개의 출력이 있기 때문에 하나의 Unipolar 스텝모터를 구동할 수 있다.

스텝모터 전용 드라이버를 사용할 수도 있다. Sanken사의 SLA7026 (SLA7024)은 Unipolar 스텝모터 드라이버 전용 IC인데 3 A, 46 V까지 구동이 가능하다. 이칩은 SLA7033으로 개선되어 대치되었다. SLA7062와 SLA7078은 역시 46 V 3 A구동이 가능하면서 16 스텝의 마이크로 스테핑 기능이 있기 때문에 편리하게 사용할 수 있다. SLA7062의 경우 모터가 정지하여 있을 때 약간의 소음이 발생한다고 알려져 있는데 SLA7078의 경우에는 이러한 문제를 일부 해결하였다고 한다. 옵션에 따라서 과전류 방지기능 등이 내장되어 있는 경우도 있다.

Sanyo사의 STK672의 경우에는 마이크로 스텝 기능이 내장되어 있는 Unipolar스텝모터 드라이버인데 3 A 52 V까지 구동이 가능하다.

4.3.2 Bipolar 스텝모터 드라이버

바이폴라 스텝모터는 두 개의 권선에 대하여 각각 그림 4.9와 같이 구동하는 것이 필요하다.

A와 D 스위치를 연결(B,C는 개방)하면 정방향, 반대로 C와 B 스위치를 연결(A,D는 개방)하면 역방향으로 전류가 흐르게 된다. 사실은 이와 같은 방법을 사용하면 직류 전동기를 구동할 수 있다. 따라서 Bipolar 스텝모터의 구동을 위해서는 직류 전동기를 두 개 구동할 수 있는 회로가 필요하

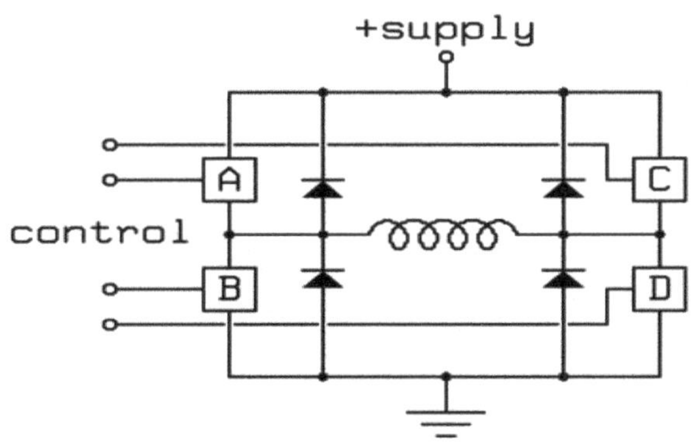

그림 4.9 Bipolar 스텝모터 하나의 권선 드라이브 방법
(http://www.cs.uiowa.edu/~jones/step/circuits.html에서 인용)

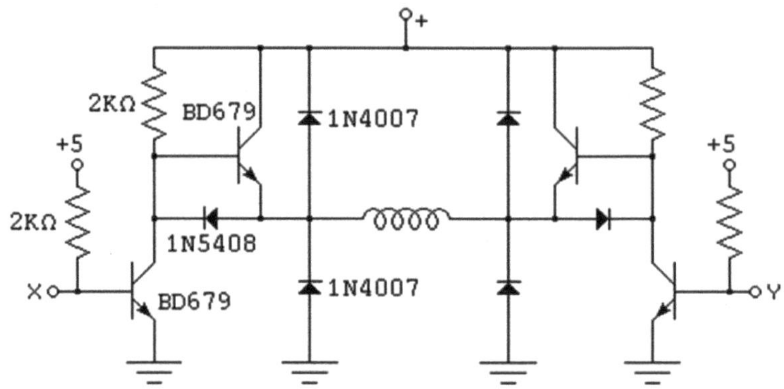

그림 4.10 TR을 이용한 Bipolar스텝모터 권선 구동
(http://www.cs.uiowa.edu/~jones/step/circuits.html 에서 인용)

다. 만일 A와 B(혹은 C와 D)가 동시에 닫히면 과전류가 흐르게 되어 스위치를 구성하는 소자가 소실되므로 주의하여야 한다.

트랜지스터를 이용하는 방법은 오래전부터 사용되어 왔다. 그림 4.10에 하나의 예를 보인다. 이 경우에 X와 Y입력이 모두 0인 경우에는 모든 TR이 Off되어져서 다이오드와 권선에서 잔류 전력이 소모된다(fast decay mode). 입력이 11인 경우는 동적브레이크(Dynamic Brake)가 걸린다(slow decay mode).

마이크로 칩의 TC44xx시리즈는 작은 전류의 DC모터를 구동하거나 스텝모터를 구동할 수 있다. 예를 들어 TC4467은 최대 16 V에 250 mA까지 구동할 수 있다.

바이폴라 스텝모터를 구동하기 위한 전용칩은 여러 가지가 발매되고 있다. 오래전부터 사용해왔던 L297과 L298의 조합은 방향 신호를 주면서 펄스 신호를 가하면 모터가 회전한다. 이 경우는 그림 4.11과 같은 구성을 갖는다. 이 구성은 half step과 full step을 선택할 수 있으며, 46 V 2 A까지 구동이 가능하고, 방향 신호(CW/nCCW)와 펄스열을 입력하여 주면 모터가 회전한다. 이 방법의 단점은 두 개의 IC를 이용하여야 한다는 것이다.

ST Microelectronics에서 제작하는 L6203(L6201,L6202)은 DC모터를 구동할 수 있으므로 두 개를 사용하면 역시 Bipolar Step Motor를 구동할 수 있다. 종류에 따라서 42 V에 1-4 A를 구동할 수 있다. ST사의 L6219도 46 V, 750 mA로 바이폴라 스텝모터를 구동할 수 있으며 마이크로 스텝이 가능하다. 알레그로(산켄)의 A3955도 두 개를 사용하면 바이폴라 스텝모터를 마이크로 스텝으로 구동할 수 있다(1.5 A, 50 V). 같은 회사의 A3977도 35 V 2.5 A로 구동이 가능하다.

4.4 FET를 이용한 스텝모터의 구동

바이폴라 스텝모터는 기본적으로 DC모터 구동기를 두 개 합하여 놓은 구조를 가지면 구동이 가능하다. 따라서 3장에서 설명한 직류 전동기의 드라이버 회로에서 설명한 거의 모든 회로를 두 개 사용하면 구동이 가능하다. Unipolar 스텝모터의 경우에는 그림 4.11 Unipolar Motor의 스위치 실제 구성 예의 오른쪽에 보인 FET 회로를 사용하여 간단히 구동이 가능하다.

4.4.1 스텝모터 구동의 기타 이슈들

스텝모터를 구동하다보면 구동 펄스를 너무 빠르게 주어서 모터가 실제로 회전하지는 못하고 제자리에서 진동하는 경우가 발생한다. 이는 최대 기동 속도보다 빠른 회전을 하는 펄스를 가해주었기 때문이다. 이때는 모터가 회전하지 않고 모터의 온도가 올라가게 되는데 모터의 온도가 Curie 온도 근처까지 올라간다면 당연히 스텝모터의 영구 자석이 자성을 잃게 되어 망가지게 된다. Curie 온도 까지 올라가지 않더라도 높은 주파수의 높은 전류에 노출되면 서서히 자기력을 잃는 현상이 발생한다고 한다.

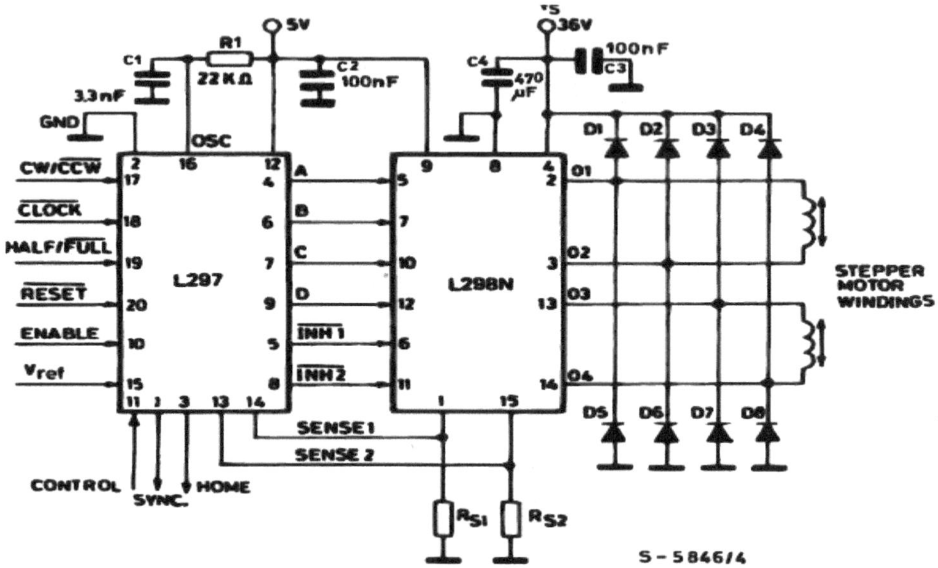

그림 4.11 L297과 L298을 조합한 스텝모터 구동회로
(www.st.com의 L297 규격서에서 인용)

스텝모터는 제어하기가 쉽지만 입력 펄스를 놓치는 현상이 발생하기도 한다. 이는 높은 주파수의 입력펄스를 주는 경우에 발생하기도하고, 정지해 있다가 갑자기 빠르게 움직이려할 때에 자주 일어난다. 이러한 현상을 보통 “missing pulse" 혹은 탈조라고도 부르는데, 스텝모터에서는 엔코더등의 회전위치 센서를 사용하지 않는 한 이러한 현상을 극복할 수는 없다. 탈조가 예상되는 경우에는 Encoder를 부착한 스텝모터를 사용하여야 한다.

스텝모터가 처음에는 간단한 방법으로 구동이 가능하다는 이유로 많은 사람들이 애용하고 있는 듯하다. 실제로 상용 드라이버의 경우 저렴한 것은 5만원 내외에 구입이 가능한 것들이 있고, CPU에서 방향 신호와 펄스(혹은 정방향 펄스와 역방향 펄스)만 입력하면 모터를 구동할 수 있다(사실 스텝모터는 DC모터보다 구동회로가 복잡하다.).

하드웨어적인 측면에서만 본다면 바이폴라 스텝모터의 구동회로가 가장 복잡하다고 말할 수도 있다). 하지만 스텝모터의 경우에는 모터의 효율이 떨어지고, 같은 토크를 발생 시키는데 필요한 모터의 무게가 크고, 회전수를 일정 수준이상으로 높이기 어려우며, 회전 시 진동이 일어나는 등의 문제가 있다.

물론 스텝모터가 가지는 장점, 즉 개루프 제어가 가능하고, 전용 드라이버를 사용하는 경우 제어가 쉽다는 장점이 있지만 모터로서의 중요한 성능은 전반적으로 떨어진다는 것이다. 스텝모터를 돌리다가 AC서보 모터를 돌려보면 소리없이 고속 회전이 가능하고 소모전력도 적으면서 속도 제어나 위치 제어가 스텝모터보다 좋은 것을 알고 나면 다시는 스텝모터를 사용하지 않을 수도 있다. BLDC(PMSM)모터도 일반적으로 스텝모터보다 좋은 성능을 나타낸다. 피하기 어려운 경우가 아니라면 BLDC 모터나 AC 서보 모터의 사용을 권장한다.

요즈음은 DC서보 모터의 사용은 AC서보모터나 BLDC 모터의 등장으로 점차 줄어드는 추세에 있다. 모터의 가격도 BLDC나 AC서보형의 모터가 (성능을 감안한다면) 현저하게 높지 않으며, 국산도 고성능의 모터와 드라이버가 생산되어 판매되고 있기 때문이다.

4.5 스텝모터 구동 프로그램

4.5.1 보통의 스텝모터 구동

스텝모터는 1회전에 400펄스 정도의 펄스열을 가하면 회전한다. 그리고 초당 회전수는 수십회전에 지나지 않는다(물론 CpmpuMotor와 같은 예외도 있다). 따라서 초당 10000펄스 정도를 가해줄 수 있는 정도의 능력이 있으면 된다. 이정도의 능력이라면 요즈음 발매되고 있는 8비트의 CPU만으로도 구동이 가능하다. 따라서 CPU의 선정은 폭이 넓은 편이다.

만일 스텝모터의 회전 속도를 제어한다면 타이머를 이용하여 주기적으로 연속적인 펄스를 가해 질 수 있기 때문에 타이머를 이용하는 것이 편리하다.

4.5.2 마이크로 스텝모터의 구동

마이크로 스텝모터를 구동하기 위하여 마이크로 스텝 구동이 가능한 드라이버칩을 사용한다면 보통의 마이크로 스텝모터 구동과 동일한 방법을 사용하면 된다. 하지만 FET를 이용하여 마이크로 스텝을 구현한다면 여기에서는 설명이 어려운 방법을 사용하여야한다. 마이크로 스텝 구동의 경우에는 스텝모터를 마치 PMSM처럼 구동하는 것이기 때문에 5장에서 설명하는 방법과 6장에서 설명하는 방법을 사용하여야한다.

따라서 H/W의 구성도 쉽지 않으며 프로그램도 쉽지는 않다. 이러한 경우에는 PMSM모터를 사용하거나 AC 서보모터를 사용하는 편이 바람직하다고 보인다. 마이크로 스텝은 스텝모터의 진동 특성을 조금 개선하려고 나온 방법이다. 스텝모터가 가진 근본적인 단점을 개선하는 것은 아니기 때문에 스텝모터가 가지는 단점, 즉 같은 출력을 가지는 모터의 무게가 무겁고, 효율이 떨어지며 회전 속도가 낮다는 단점을 그대로 가진다. 단지 소음이 조금 줄어든다는 점밖에는 없다. 따라서 H/W의 구성과 S/W의 작성이 어렵다면 모터의 종류를 바꾸는 편이 좋다고 보인다. (사실 BLDC모터의 경우에도 스텝모터와 같은 방식으로 구동할 수 있다.)

4.5.3 엔코더 부착형 스텝모터의 구동

엔코더를 부착하는 이유는 스텝모터의 탈조를 감지하기 위한 것이 주목적인 것으로 보인다, 이러한 스텝모터를 구동할 때에는 엔코더 인터페이스 회로가 내장되어 있는 microcontroller를 사용하는 것이 좋다.

엔코더 인터페이스 기능은 Quadrature Encoder Interface(QEI)라고 부르는 경우가 많은데 8비트의 CPU에서는 찾아보기 어렵고, 최근에 발매되는 16비트급 이상의 모터 제어용 CPU에서는 내장되어 있는 경우가 많으므로 이러한 CPU를 선정하여 사용하면 된다. 이러한 CPU의 종류는 3장에서도 설명되어 있고 6장에서도 설명되어 있다. 그러나 엔코더 인터페이스가 QEI기능이 없다고 해서 어려운 것은 아니다. ST microelectronics의 CPU는 타이머기능을 이용하면 가능한 경우가 많다.

4.6 스텝모터 구동을 위한 자료

스텝모터의 구동을 위한 자료는 인터넷에 너무나 많은 자료들이 널려 있다. 학생들이 올린 자료들이 대부분이며 간단하게 구동해 보는 것은 이러한 자료가 도움이 된다.

도움이 될 만한 몇 개의 사이트를 소개한다.

1. http://www.cs.uiowa.edu/~jones/step/circuits.html : 스텝모터의 원리와 구동 방법이 잘 설명되어 있다.
2. www.st.com : ST microelectronics의 사이트인데 L298, L297등 오래전부터 애용되어 오던 스텝모터 구동칩을 공급하는 회사이기 때문에 많은 자료들을 찾아볼 수 있다.
3. http://www.allegromicro.com/en/Products/Categories/ICs/motor.asp: Allegromicro의 스텝모터 모터 제어용 IC들의 종류와 Data Sheet를 볼 수 있다.

책으로는 스텝모터의 구동과 활용에 관한 책이 20년 전 쯤에는 몇 가지가 발매 된 적이 있으나 지금은 판매되는 것을 찾아보기 힘들다. 전자과학이나, 트랜지스터 기술 등의 월간지에서는 가끔 모터 제어에 관한 특집을 싣는데 이때에 스텝모터에 관련된 기사들이 실리는 경우가 있다. 교과서적인 책으로는 다음의 책이 모터의 구조와 드라이브 방법이 잘 설명되어 있는데 좀 오래되었기 때문에 설명하는 IC들이 구형이 많다.

1. "Handbook of Electric Motors", Marcel Deker, Ed. Richard H. Engelmann, William H. Middendorf, 1995.

Chapter 5

BLDC 모터의 구동

DC 모터는 정류자(Commutator)에 브러시가 있어서 브러시에서의 마찰이 발생하여 소음이 발생하고, 브러시가 마모되기 때문에 주기적으로 브러시를 갈아 주어야하는 문제가 있다. 이러한 문제 때문에 최근에는 브러시 없는 DC모터(Brushless DC Motor)의 사용이 증가되고 있다. 브러시를 없애기 위해서는 DC모터의 정류자에 해당하는 기능을 모터 드라이버에서 전자적으로 수행하기 때문에 때로는 이러한 모터를 Electronically Commutated 모터라고 부르기도 한다.

BLDC모터는 브러시가 있는 DC 모터에 비해 신뢰성과 효율이 높고 소음이 적으며 마모부품이 적어서 수명이 길고, 정류자에서 발생하는 스파크가 없으며, 전자기적인 노이즈가 적다는 장점이 있다. 그리고 대부분의 경우에 고정자로 사용하고 있는 몸통 부분에 권선이 감겨져 있기 때문에 방열에 유리하다. BLDC 모터는 역기전압의 파형이 사다리꼴인 경우에는 BLDC모터라고 부르고, 역기전압의 파형이 사인곡선 형태인 경우에는 PMSM(Permanent Magnetic Synchronous Motor)라고 부르고 있지만, 두가지를 모두 통칭하여 BLDC 모터라고 부르기도 한다. BLDC의 경우에는 권선을 감는 방식이 집중권 방식으로 되어 있다고 하며, 동일 조건인 경우에 PMSM보다 높은 토크를 발생시킬 수 있으며, 고속 회전이 가능하다고한다. 반면 PMSM의 경우에는 분포권 방식으로 권선이 감겨져 있으며, BLCD모터보다 효율이 높고 정밀한 제어가 가능하다고 알려져 있다.

5.1 BLDC 모터의 회전 원리

BLDC모터는 브러시를 없애고 전자적인 정류자를 사용한다는 것이 DC모터와 다르다. 따라서 회전자는 영구자석을 사용하고 고정자에는 권선을 감아서 권선에 흐르는 전류의 방향을 바꾸어 줌으로서 내부에 있는 영구 자석과의 반발력과 인력을 만들어 줌으로서 회전력을 얻는다. 2상 BLDC모터도 있으나 제어용 모터들은 보통 3상(Three Phase)을 사용한다.

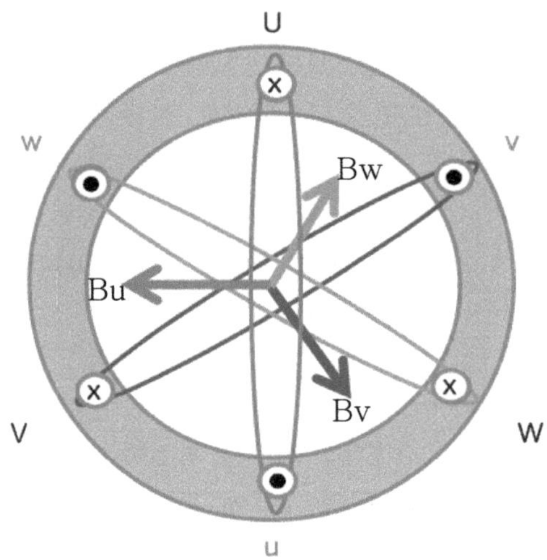

그림 5.1 BLDC모터의 권선 배치와 전류의 흐름에 의하여 발생되는 자기장(Microchip 2009,모터 교육자료)

그림 5.1에 BLDC모터의 권선을 도식으로 나타내었다. x표는 전류가 들어가는 방향을, 점은 전류가 나오는 방향을 의미한다. 오른손 법칙에 의하여 U-V-W상에 흐르는 전류에 의하여 발생하는 자기장을 Bu, Bv 그리고 Bw로 표시하였다.

그림 5.1에서는 U-V-W의 전류가 모두 같고 각각의 배치가 120도 간격으로 배치되어 있기 때문에 Bu, Bv와 Bw의 벡터합은 0이 된다. 하지만 U상과 V상 W상에 흐르는 전류를 변화시켜주면 원하는 방향으로 자기장을 만들어 줄 수 있다. 따라서 내부에 영구 자석을 배치한다면 U-V-W 권선에 흐르는 전류의 방향과 크기를 바꾸어 줌으로서 영구자석을 원하는 위치에 오도록 만들 수 있고, 자장의 방향을 연속적으로 바꾸어주면 영구 자석이 회전할 수 있게 된다.

그림 5.2에서는 권선에 흐르는 전류 크기와 방향에 따라 결과적으로 나타나는(세 개의 자기장의 벡터합) 세 가지 경우에 대하여 표시하였다.

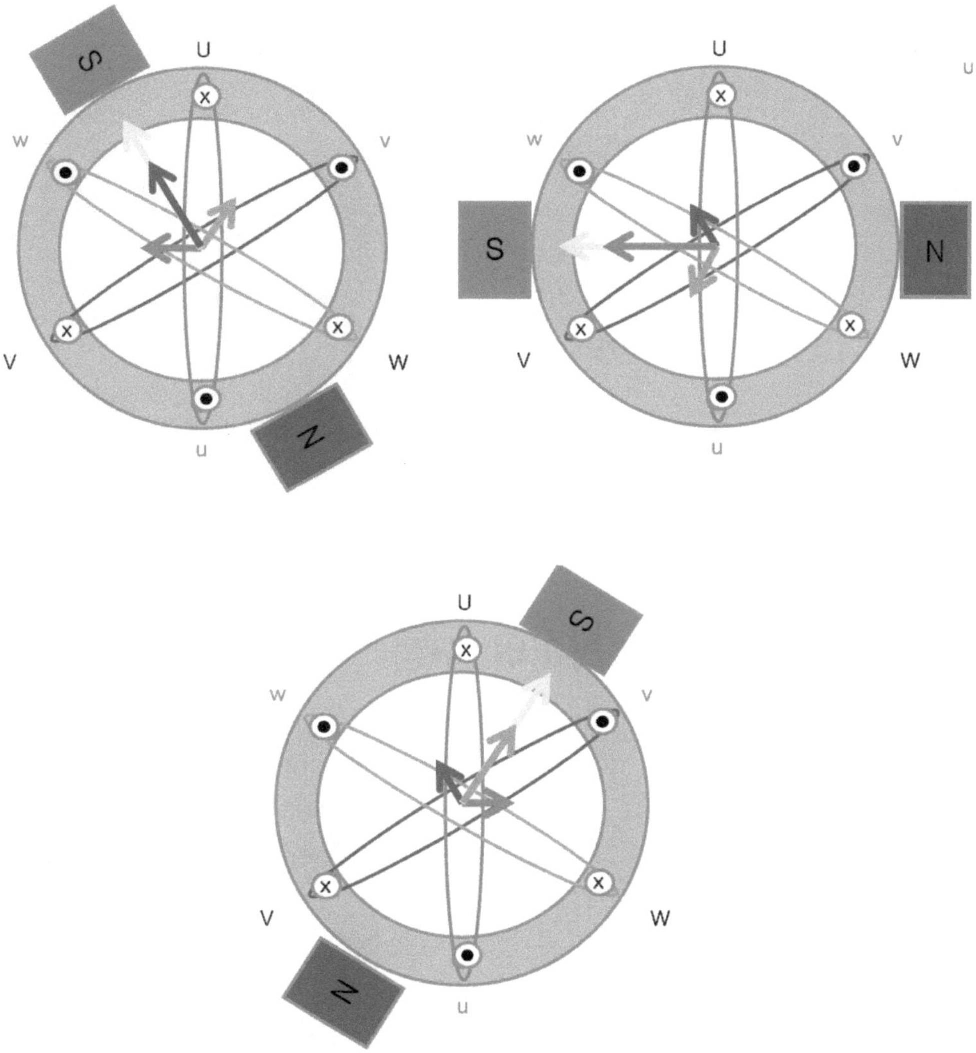

그림 5.2 BLDC모터의 권선 배치와 전류의 크기와 방향에 따라 변화되는 자기장
(Microchip 2009,모터 교육자료)

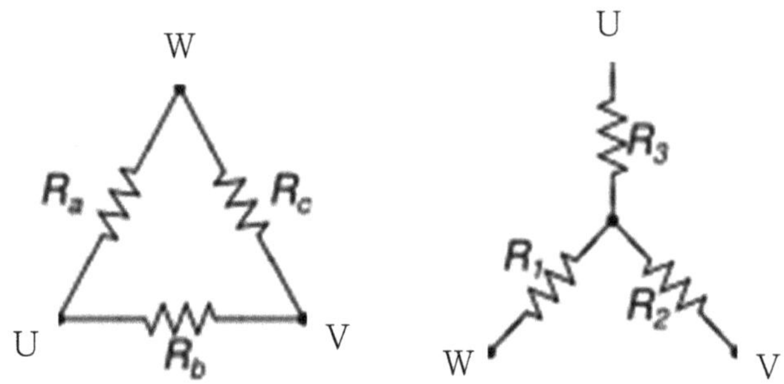

그림 5.3 델타 결선과 Y결선

삼상 BLDC모터의 권선을 배치하는 방법은 Y결선 방식과 델타 결선 방식이 있는데 보통 Y결선 방식을 사용하는 듯하다.

5.2 BLDC 모터의 드라이버 구성

그림 5.4에 BLDC 모터 구동을 위한 Power Switch의 구성을 보였다. 3개의 모터 단자(U, W, W상)과 연결되는 세 개의 선이 표시되어 있다. 3개의 권선에 전류를 양방향으로 제어해 주어야하기 때문에 3개의 Half Bridge가 필요하다. 그림 5.13에는 3상 1극쌍(one pole pair) BLDC 모터의 구조가 나타나 있다. BLDC모터를 구동한다는 것은 그림 5.4에 나타나 있는 스위치를 적절하게 조작하여 그림 5.5의 중앙에 있는 영구자석을 돌린다는 것이다.

그림 5.4에 나다나 있는 스위치를 조작하였을 때 나타나는 자장의 방향은 그림 5.2와 같이 각각의 코일에서 여기된 자장의 벡터합으로 나타난다. 그림 5.4에서 위쪽에 배치된 스위치를 High Side Switch라고 부르고 아래쪽에 배치된 스위치를 Low Side Switch라고 부르기도 한다.

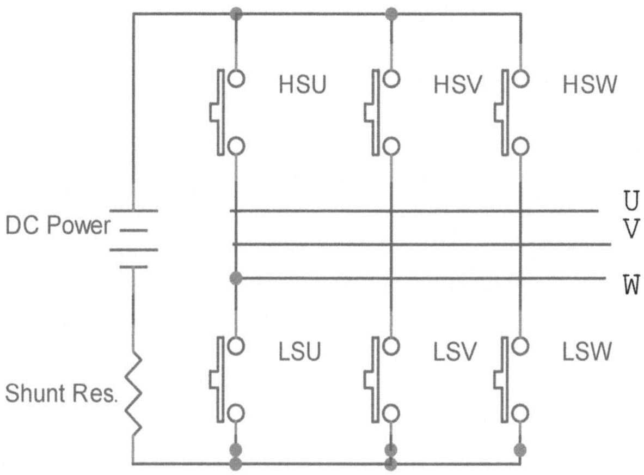

그림 5.4 BLDC 모터 구동을 위한 Power Switch 구성

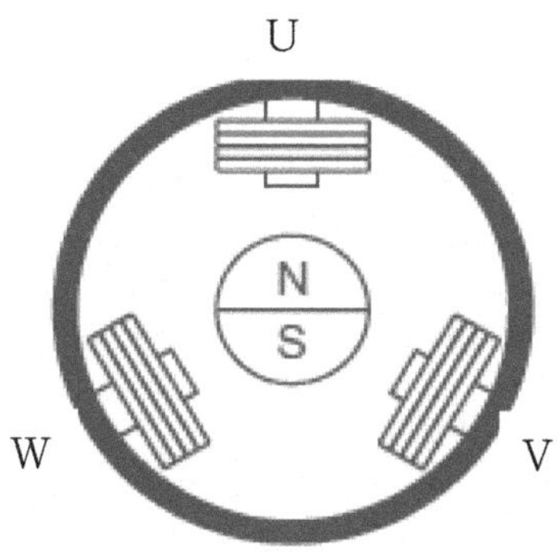

그림 5.5 3상 1극쌍(1pole pair) 모터의 도식도
(Fully Integrated BLDC Motor Control,
Atmel의 응용 노트에서 발췌)

5.2.1 6단계 제어법(Six Step Commutation)

이 방법은 BLDC모터를 마치 스텝모터와 같이 구동하는 것이다. 그림 5.4의 각각의 스위치는 완전히 열리거나 닫힌다. 그림 5.4의 HSU가 닫히고 LSV가 열리면 직류 전원이 권선 U상을 따라 흘러들어 가서 권선 V상을 통해 나와 GND로 흘러간다(그림 5.3의 Y결선 참조). 이렇게 전류가 흐르면 전류의 방향에 따라 권선 U와 V가 자화되어 내부에 있는 영구 자석을 당기게 된다. 따라서 표 5.1와 같은 순서로 스위치를 열거나 닫으면 회전자가 회전하게 된다.

표 5.1에서 Hall신호는 Maker마다 조금씩 다를 수 있다. 이렇게 6단계의 스위치 변화를 거치면 1극쌍 모터의 경우에는 1회전을 하게 된다. 만일 2극쌍 모터라면 이와 같은 과정을 두 번 거쳐야 모터가 1회전 하도록 되어 있다. 이 과정을 한번 반복하는 과정을 전기각 1회전이라고 하며, 전기각 1회전을 하는 것은 전기각 360도를 회전하는 것과 같다. 따라서 표 5.1의 한 스텝을 거치는 동안 모터는 전기각 60도를 회전한다고 볼 수 있다. 그림 5.4에 나타난 스위치를 구현하는 방법은 3장의 직류 전동기의 구동에서 설명한 세 가지 방법이 동일하게 적용된다.

표 5.1 육단 정류법의 경우 스위치의 상태와 전류의 방향

Hall Sensor 신호	시계방향 회전		반시계방향 회전	
	전류의 방향	닫히는 스위치	전류의 방향	닫히는 스위치
101	U->V	HSU-LSV	V->U	HSV-LSU
001	U->W	HSU-LSW	W->U	HSW-LSU
011	V->W	HSV-LSW	W->V	HSW-LSV
010	V->U	HSV-LSU	U->V	HSU-LSV
110	W->U	HSW-LSU	U->W	HSU-LSW
100	W->V	HSW-LSV	V->W	HSV-LSW

드라이버 CPU(이러한 경우에는 꼭 CPU를 사용할 필요는 없고, CPLD등을 사용할 수도 있다) 의 역할은 홀 신호를 적절히 읽어서 원하는 방향에 따라 스위치를 열고 닫는 것이다.

이렇게 6단계 제어법으로 모터를 회전 시키는 경우에 스위치를 완전히 열거나 닫을 필요는 없다 원하는 모터의 토크에 따라 스위치를 닫을 때 PWM 신호를 가해주면 원하는 토크를 얻을 수 있다.

6단계 제어법에 PWM을 이용하는 것은 가장 기본적인 BLDC 모터의 구동이다. 이렇게 모터를 구동하면 스텝모터와 같이 각 스텝 사이에서 진동이 일어날 가능성이 높아진다. 따라서 실제로는 이러한 형태로 구동하는 경우가 드물다. 진동을 억제하기 위하여 사다리꼴형태나 사인파 형태의 전류를 만들어 가해주는 것이 보통이다. 가장 좋은 전류 파형은 모터의 역기전압과 같은 형태의 전압을 공급해 주는 것으로 알려져 있다.

5.2.2 홀 센서의 신호

표 5.1과 같이 스위치를 작동 시켜 주기 위해서는 회전자의 현재 위치를 알아야한다. 이 회전자의 위치를 알아내는 방법은 두 가지가 있다.

1. 홀 센서의 신호를 측정하는 방법
2. 홀 센서가 없는 모터의 경우 역기전력을 측정하는 방법

1번의 경우는 모터에 홀 센서가 부착되어 있는 경우 홀 센서의 신호를 이용하기 때문에 센서 있는 제어(Sensored Control)라고 하고 2번의 경우에는 모터에 홀 센서가 부착되어 있지 않아서 센서 정보를 이용할 수 없는 경우에 사용하는 센서없는 제어(Sensorless Control)라고 한다. 물론 센서있는 제어의 경우가 쉽고, 정확한 구동이 가능하다. 홀 센서의 입력은 Open Collector형인 경우가 많기 때문에 Pull Up을 해주어야하고, 노이즈를 적게 해주기 위하여 작은 Capacitor를 달아주는 것이 좋다.

센서 없는 제어의 경우에는 모터에서 발생하는 역기전력을 이용하여 로터의 위치를 알아내야하는데 역기전력의 크기가 어느 정도 이상이 되어야 측정이 가능하기 때문에 저속에서의 제어성능이 현저하게 떨어진다. 이 홀 센서의 신호와 로터의 상대적인 위치는 메이커에서 제공하는 경우도 있겠지만 보통은 역기전력을 측정하면서 홀 센서의 신호를 읽어서 상대적인 위치를 찾아낸다. 센서 없는 구동의 경우 로터의 위치를 찾아내는 것이 모터 구동의 성패를 가름한다. 따라서 여러 가지 종류의 알고리즘들이 제안되고 있으며, 이는 5장의 끝에 나와 있는 자료들을 참고하는 것이 좋다.

5.2.3 모터의 역기전력 측정과 모터의 구동

(이 부분은 한국 마이크로칩의 교육자료에서 상당부분 인용하였음)

모터의 역기전력은 모터를 구동할 때와는 반대로 모터의 축을 강제로 돌리면서 모터의 권선에 여기되는 전압을 측정하는 것이다.

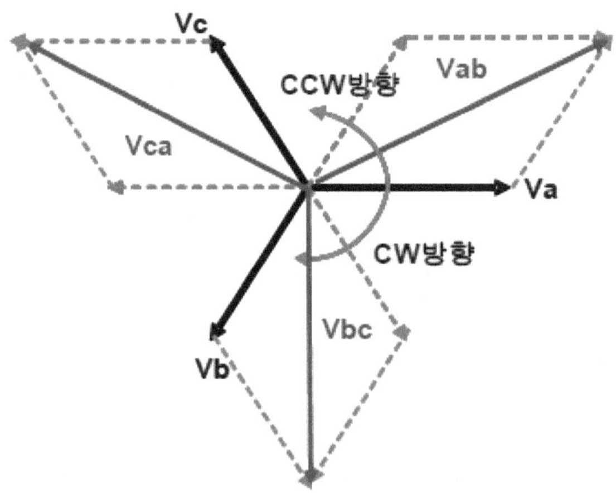

그림 5.6 역기전력 을 계산하기 위한 도식
(본문에서는 a=u,b=v,c=w로 표현되어 있다.)
(마이크로침 한국의 교육자료).

실제로는 중성점(혹은 Common단자)을 기준으로한 권선의 전압을 측정해야하지만, 모터의common단자는 프로브를 접촉시킬 수 없는 경우가 대부분이기 때문에 U상(또는 V,W상) 단자를 측정하면서 V상(또는 W,U상) 단자를 GND로 잡고 측정한다.

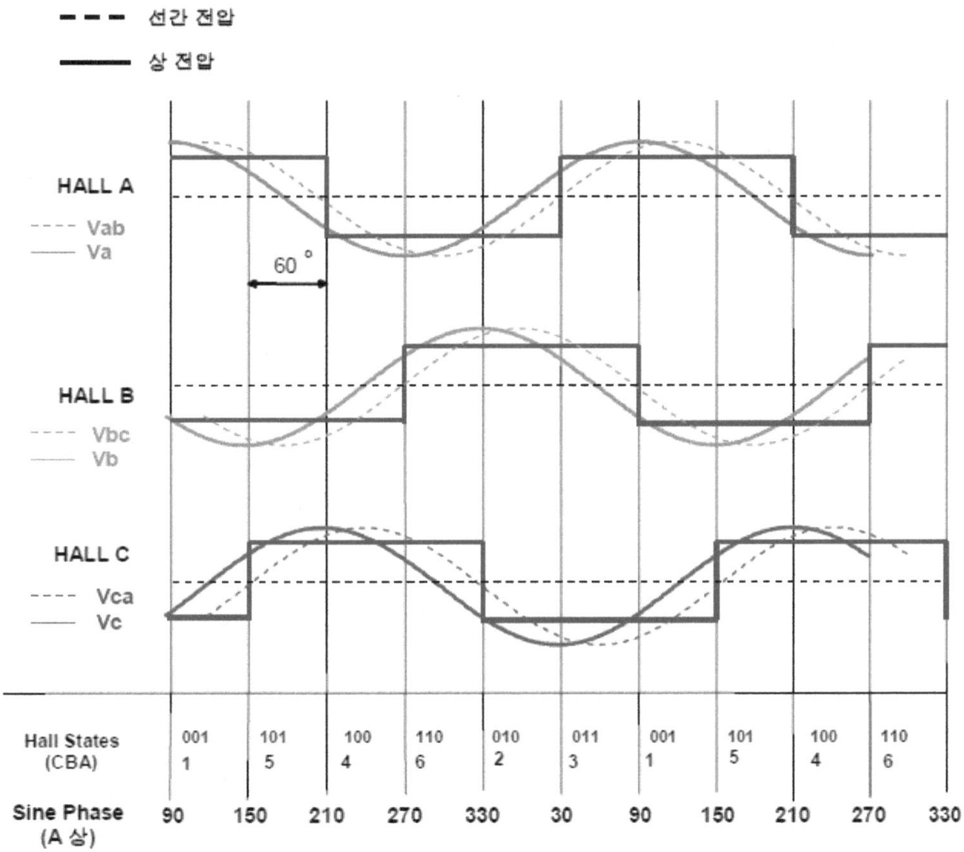

그림 5.7 역기전압과 홀센서 신호의 측정(마이크로 칩의 모터 교육자료)

예를 들어 V상을 GND로 하고 U상의 전압을 측정하여 그 전압을 Vuv라고 하면

$$Vuv=Vu-Vv$$

가 된다. 물론 위식은 벡터연산을 하여야한다.

U, W 그리고 W상은 그림 5.6과 같이 120도(전기각)의 간격을 두고 배치되어 있으므로 Vuv는 모터가 시계방향(CW)으로 회전하는 경우에 Vu보다 30도 빠르게 측정된다. 물론 실제 역기전압의 크기도 73%정도 크게 측정된다. 다시 말하면 Vu는 Vuv보다 30도 뒤져서 나타나야 한다.

이렇게 측정한 역기전압과 홀 센서의 측정의 예를 그림 5.7에 보였다.

이 경우는 역기전압이 사인파 형태로 나타나고 있다. 역기전압이 사인파로 나타나더라도 6단계 제어법을 이용하여 구동할 수 있다. 단지 구동의 효율이 좀 떨어질 것이다. 역기전압이 사인파로 나오는 경우 그림 5.8과 같이 6단계 제어법을 이용하여 구동할 수 있다. 사실 역기전압이 사인파 형태로 나오는 모터를 PMSM(Permanent Magnet Synchronous Motor)라고 구분하여 부르지만 이렇게 6단계 제어법을 이용하여 제어하여도 큰 문제는 발생하지 않는다.

그러나 PMSM의 경우에는 사인파를 이용하여 구동하는 것이 바람직하다. 이 경우 펄스폭 변조를 불가피하게 사용해야 하는데 펄스폭 변조를 이용하여 사인파를 만들어 내는 것은 CPU마다 방법이 다르다. 하지만 역기전압이 사인파로 측정 되었다면 측정된 역기전압과 같은 파형을 가해주면 모터는 부드럽게 회전하게 된다.

DC모터가 회전하는 소리와 사인파로 구동되는 BLDC(PMSM) 모터가 무소음에 가깝게 회전하는 소리를 비교하면 누구나 BLDC 를 사용하려 할 것이다. BLDC모터가 무소음에 가깝게 회전하는 것은 기계적인 마찰이 있는 정류자가 없기 때문이다. 따라서 DC모터보다 고속으로 회전하는 것이 가능하여 소형 모터의 경우에는 10000 rpm이 넘는 모터를 흔하게 볼 수 있다.

5.2.4 공간 벡터 제어(Space Vector Control)

사인파 구동을 하기 위해서는 공간 벡터 제어를 이해하여야 하고, 공간 벡터 제어를 완전히 이해하기 위해서는 약간의 수학적인 모델이 있어야 하지만 여기에서는 공간 벡터 제어의 결과를 구현하는 방법을 설명하기로 한다.

(이 부분은 ST microelectronics의 응용 노트 2154, "Space vector modulation using 8-bit ST7MC microcontroller and ST7MC-KIT/BLDC starter kit"에서 많은 부분을 인용하였다.)

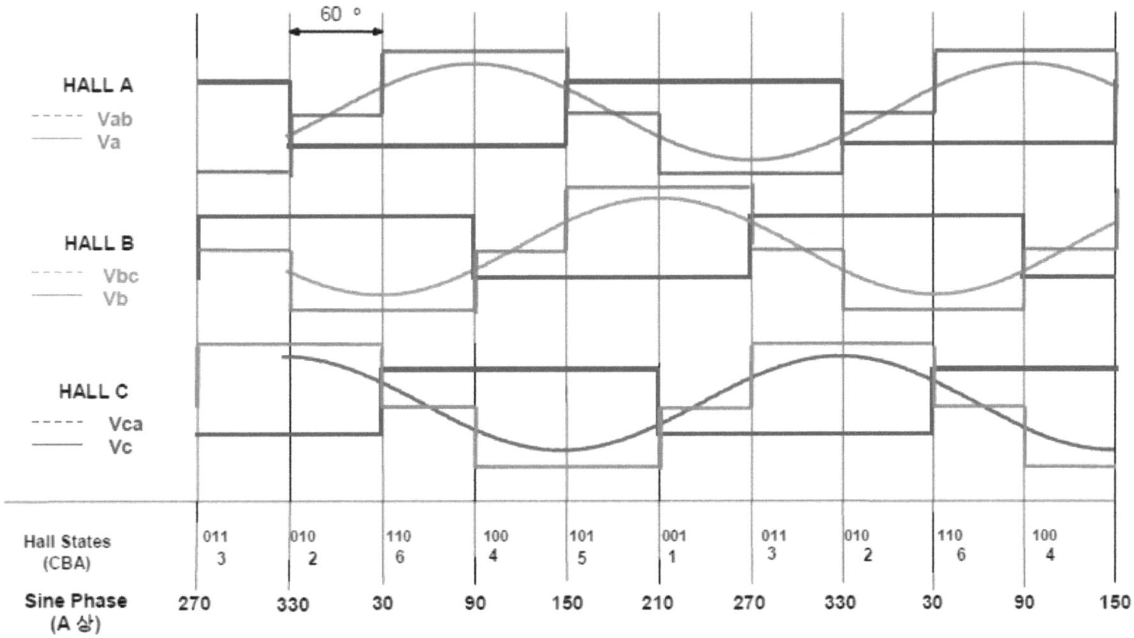

그림 5.8 역기전압이 사인파 형태인 경우의 6단계 제어법에 의한 구동(마이크로칩 한국의 모터 교육자료)

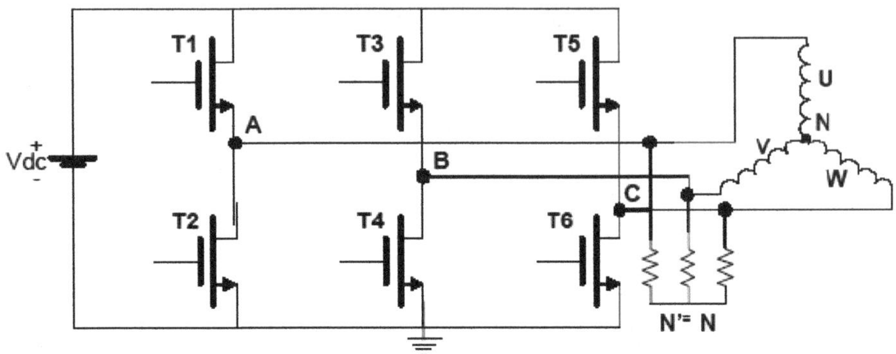

그림 5.9 3상 인버터와 연결된 모터(Y결선)

표 5.2 3상 인버터에서 허용되는 스위치 상태

상태(UVW)	000	001	010	011	100	101	110	111
연결되는 스위치	T2 T4 T6	T2 T4 T5	T2 T3 T6	T2 T3 T5	T1 T4 T6	T1 T4 T5	T1 T3 T6	T1 T3 T5

표 5.2에는 3상 인버터에서 허용될 수 있는 스위치의 상태를 정리하였다. 여기에서 상태가 1이라는 것은 High Side가 On되고 Low side는 Off되었다는 것을 의미하며, 0이라는 것은 Low Side가 On되고 High Side는 Off되었다는 것을 의미한다.)

상태 (uvw) = (000)과 상태 (uvw) = (111)은 Low Side만 On되었거나 High Side만 On되어 있는 것을 의미하기 때문에 실제로는 브레이크가 걸리거나 구동력이 없는 상태를 의미한다.

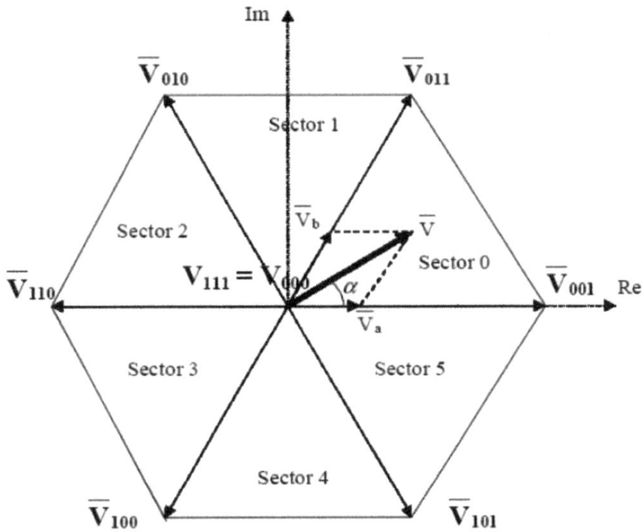

그림 5.10 공간 벡터 다이어그램

그림 5.10에서 나타낸 여섯 개의 꼭짓점은 표 5.2의 각 상태를 나타낸다. 상태(uvw) = (000)과 (111)는 원점으로 표현하였다. 모터의 권선에 사인파 전압을 가해준다는 것은 연속적으로 회전하는 벡터 V가 이 복소평면을 한 바퀴 연속으로 회전한다는 것과 동일하다. 그리고 벡터 V는 그림 5.10에 보인 것과 같이 두 개의 벡터로 분해되어 그 성분의 크기만큼 의 비로 권선에 전압을 가해준다는 것이 된다. 공간 벡터 제어의 목적은 그림 5.10의 육각형 안에 존재하는 벡터 V가 두 개의 기준 벡터로 분해되어 시간 가중(Time Weighting)된 만큼 PWM신호를 방생시켜주는 것과 완전히 동일하다. 예를 들어 벡터 V가 다음과 같이 분해되었다고 하자.

$$V = V_a + V_b$$

PWM주기를 T_0라고 하고 예를 들어 V_a와 V_b가 각각 V_{001}그리고 V_{011}을 기준 벡터로 하고 있다고 하면

$$V = V_a + V_b = \frac{t_a}{T_0} V_{001} + \frac{t_b}{T_0} V_{011} + \frac{t_0}{T_0}(V_{111} \text{or} \ \ V_{000})$$

여기에서,

$$t_a = \frac{V_a}{V_{001}} \cdot T_0 \qquad \text{(식 5.1)}$$

$$t_b = \frac{V_b}{V_{011}} \cdot T_0 \qquad \text{(식 5.2)}$$

그리고

$$t_0 = T_0 - t_a - t_b$$

가 된다. 여기에서 t_a는 V_{001}가 가해지는 시간이고 t_b는 V_{011}가 가해지는 시간이다. 나머지의 시간(t_0)은 V_{111}혹은 V_{000}을 가해주는 시간이 된다.

기하학적인 관계에서 다음이 성립한다.

$$V \cdot \sin(\frac{\pi}{3} - \alpha) = V_a \cdot \sin\frac{\pi}{3}$$

$$V \cdot \sin\alpha = V_b \cdot \sin\frac{\pi}{3}$$

이식에서 다음이 성립한다.

$$V_a = \frac{2}{\sqrt{3}} \cdot V\sin(\frac{\pi}{3} - \alpha)$$

$$V_b = \frac{2}{\sqrt{3}} \cdot V \cdot \sin\alpha$$

위 두식을 식 (5.1)과 (5.2)에 대입하면 다음을 얻을 수 있다.

$$t_a = \frac{2}{\sqrt{3}} \cdot T_0 \cdot m_i \cdot \sin\left(\frac{\pi}{3} - \alpha\right) \qquad 0 \leqq \alpha \leqq \frac{\pi}{3} \qquad \text{(식 5.3)}$$

$$t_a = \frac{2}{\sqrt{3}} \cdot T_0 \cdot m_i \cdot \sin(\alpha) \qquad 0 \leqq \alpha \leqq \frac{\pi}{3} \qquad \text{(식 5.4)}$$

그리고

$$t_0 = T_0 - t_a - t_b$$

이 된다.

여기에서 m_i는 modulation index로서

$$m_i = \frac{V}{V_{xxx}}$$

가 된다.

modulation index가 $\frac{\sqrt{3}}{2}$를 넘으면 t_0가 음수가 되는 경우가 있다.

이것은 아무런 물리적인 의미를 가지지 않으므로 이러한 경우는 피하여야 한다. 마지막 두식이 공간 벡터 제어를 구현하기 위한 결과 식이다.

PWM 신호를 발생 시킬 때에는 Center Aligned PWM을 사용하여야 스위칭시 발생하는 손실도 줄이고 PWM시 발생하는 전자가적 잡음을 줄일 수 있다.

BLDC모터를 사인파로 가진하기 위해서는 식 5.3과 5.4를 구현하여야 한다. 이때 통상 사용하는 마이크로프로세서를 사용한다면 사인함수는 테이블 찾기(table look up)방식을 사용하여 계산 시간을 줄여야하고, 만일 DSP (digital signal processor)를 사용한다면 제공되는 라이브러리 함수를 사용하여 계산시간을 줄여 주어야한다. 특히 고속으로 회전하는 모터를 제어하는 경우라면 더욱 더 연산시간을 줄이기 위하여 노력하여야한다.

5.3 Sensor 없는 BLDC모터 구동

센서 없는 구동 방식에서는 초기에 로터의 위치를 원하는 위치로 옮기기 위하여 모터의 특정 권선에 전류를 0%에서 서서히 상당 수준(50%이상)까지 올려주어서 로터의 위치를 원하는 위치로 옮기는 과정이 있어야한다. 전류를 흘려 준 후에는 잠시 동안 로터가 원하는 위치로 이동할 수 있는 시간동안 기다려 준다. 이러한 과정은 로터를 원하는 위치에 정렬(Alignment)하기 위하여 필요하다. 이렇게 회전자가 정렬된 다음에는 모터를 돌려주기 위하여 전류를 흘려주는 상을 바꾸어주게 된다. 이러한 구동 초기단계에서에는 로터의 위치에 대한 정보 없이 구동을 하고, 일정수준이상 속도가 올라간 후에 역기전압에 의하여 상의 위치가 감지되면 그 때부터 로터의 위치를 감지하면서 제어를 하게 된다.

따라서 속도가 낮은 경우에는 모터를 돌리기 위하여 많은 전류를 공급하면서 돌려준다. 구동 초기 단계에서는 실제의 모터속도도 감지하지 못한 채 많은 전류를 흘려주었으니까 구동하는 대로 구동이 된나고 믿는 것이나. 모터 구동을 시작하는 단계에서는 모터가 잘못 정열 된 경우에는 모터가 회전하지 못하거나 모터가 반대 방향으로 회전할 수 도 있기 때문에 사용에 주의하여야한다. 모터가 구동 초기에 회전하지 못하게 되면 모터에 흐르는 전류가 과도하게 높아지게 된다. 때로는 이때에 모터의 권선이 타버리게 되는 경우도 있다. 이를 방지하는 가장 좋은 방법은 모터 권선에 흐르는 전류를 감지해서 모터 권선에 전류를 끊어 주어야한다. 모터가 돌지 못하게 되는 이유는 로터의 정열이 잘못된 경우가 대부분이기 때문에 모터정열 단계에서 모터의 권선에 흘려주는 전류를 조금 더 높여서 다시 로터를 정열해 주어야한다.

모터가 회전하기 시작하면 회전 속도를 점차로 높여 주게 되고 일정속도(보통 수백 rpm-1000 rpm에 이른다)에 도달하여 역기전압을 감지할 수 있게 되면 그때부터는 정상적인 PWM제어와 (PID)제어를 시작한다. 정상적인 모터 운전 중에도 부하가 걸리면 모터가 정지(Stalled)상태로 들어갈 수 있다. 모터가 정지상태로 들어가게 되면 역기전압이 측정할 수 없을 정도로 낮아지게 되고 모터 권선에 흐르는 전류가 예상 값보다 높아지게 된다. 이러한 상태가 감지되면 모터를 정렬단계=> 초기 구동(가속 단계)=> 정상 구동 단계 의 순서로 다시 시작하여야한다. 물론 모터가 정상적으로 회전하다가 정지 상태로 들어간 원인을 없애주지 않으면 다시 모터가 정지될 수 있다.

한편 속도가 낮은 경우에는 스텝모터처럼 로터의 위치를 모른 채 구동하다가 속도가 올라간 다음에는 BLDC모터 제어알고리즘을 사용하기 때문에 두 가지의 제어모드가 있게 된다. 이렇게 두 가지의 제어모드가 있어서 속도에 따라 제어 알고리즘이 변경되면(이러한 것을 Control Algorithm Switching이라고 부르기도 한다.) 종종 불안정해지는 문제가 있기 때문에 조심하여야한다.

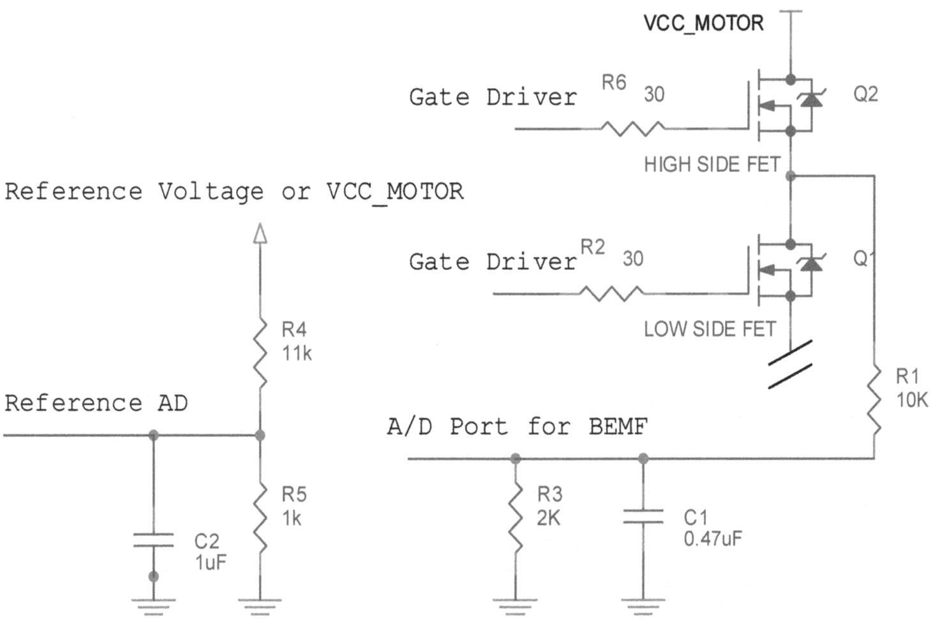

그림 5.11 역기전압의 측정회로 예.

역기전압을 측정하는 것은 AD 변환을 이용한다. 요즈음 모터 제어용으로 발매되는 CPU들은 이러한 AD를 수행하기 위한 충분한 수의 AD변환 포트와 AD변환 속도를 가지고 있다. 역기전압은 BLDC 모터의 권선이 구동되지 않는 구간(Non-Driven Senctor)에서 측정해야 한다. 일반적으로 역기전압에는 많은 잡음 신호기 있기 때문에 필터를 사용하거나 여러번 측정하여 평균하는 등의 방법을 사용하기도 한다. 또는 저속에서의 역기전압의 측정 방법과 고속에서의 역기전압의 측정 방법을 달리하기도 한다(Microchip AN1083). 따라서 그림 5.11과 같은 회로를 이용하여 역기전압을 측정할 수 있다(Silicon Labs AN208). 이 회로에서 Reference AD라고 표시된 부분은 모터에 인가되는 전압을 측정하기 위한 것이다. 따라서 저항의 크기는 AD변환의 범위 등에 따라 변화되어야 한다. 이 회로에서는 역기전압을 10 k와 2 k저항을 이용하여 측정하였는데 이 저항의 크기도 모터의 종류와 AD 변환의 범위에 따라 변경시켜주어야 한다.

BLDC모터의 경우에는 각각의 권선에 구동되지 않는 구간이 있기 때문에 그 구간에서 역기전압을 측정할 수 있다. 하지만 사인파로 구동되는 PMSM의 경우에는 모든 권선이 언제나 구동된다. 따라서 모터의 위치와 속도는 권선에 흐르는 전류와 계산된 전압에 의해서 추정하는 방법을 사용하기로 한다(Microchip AN1078).

5.4 권선 전류 측정

모터의 토크는 모터의 권선에 흐르는 전류에 비례한다. 물론 모터의 구동이 정상적인 경우에 한정된 말이다. 모터의 구동이 비정상적인 경우에는 모터에 전류를 많이 흘려주어도 모터가 구동되지 않거나 모터의 토크가 정상적으로 발생하지 않는다. 전류의 감지를 위해서는 션트 저항(정밀 저저항)을 사용한다. 전류를 감지하기 위한 저항의 크기는 작으면 작을수록 좋으나 대체로 0.06 Ω-0.005 Ω사이의 1%(F급)저항이 많이 사용된다. 이 저

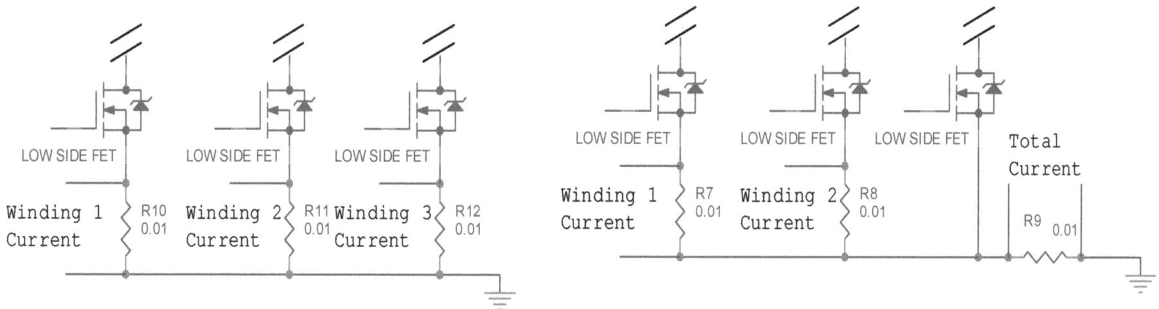

그림 5.12 권선 전류의 두 가지 측정법

향이 크게 되면 모터의 성능에 영향을 미치게 된다.

흐르는 전류가 많을 수록 작은 저항을 사용하고, 대체로 1 W - 2 W급의 저항을 사용한다. 예전에는 이러한 저항의 크기가 상당히 컸지만 요즈음은 5 mm x 2.5 mm 혹은 6.4 mm x 3.2 mm 정도의 크기로 만들어져 시판되고 있다. 모터 권선에 흐르는 전류가 션트 저항을 지나면서 나타나는 전압 강하를 측정하는데 이 전압 강하가 작기 때문에 Op-Amp를 이용하여 전압을 증폭하여 AD변환기에서 읽게 된다. 다음과 같은 세 가지의 방법이 있다.

1. 3개의 권선에 흐르는 전류를 각각 측정하는 방법.
2. 두 개의 권선에 흐르는 전류는 각각 측정하고, 3개의 권선에 흐르는 전류의 합을 측정하는 방법

두 방법 모두 사용이 가능하고 약간의 장단점이 있다. 첫 번째 방법은 3개 권선에 흐르는 전류를 각각 측정할 수 있는 반면, 두 번째 방법은 세 번째 권선에 흐르는 전류는 전류의 합(total current)에서 첫 번째와 두 번째 권선에 흐르는 전류를 빼주어야 한다. 하지만 두 번째 방법은 전체 전류를 측정하여 과전류를 쉽게 검출할 수 있다는 장점이 있다.

전류 검출 저항에서 측정된 전압의 증폭회로는 다음과 같은 형태를 빈번히 사용한다. 왼쪽은 3개의 권선에 흐르는 전류를 각각 측정하는 경우에 사용하고(위 첫 번째 방법) 오른쪽의 회로는 위에 설명한 두 번째 방법을

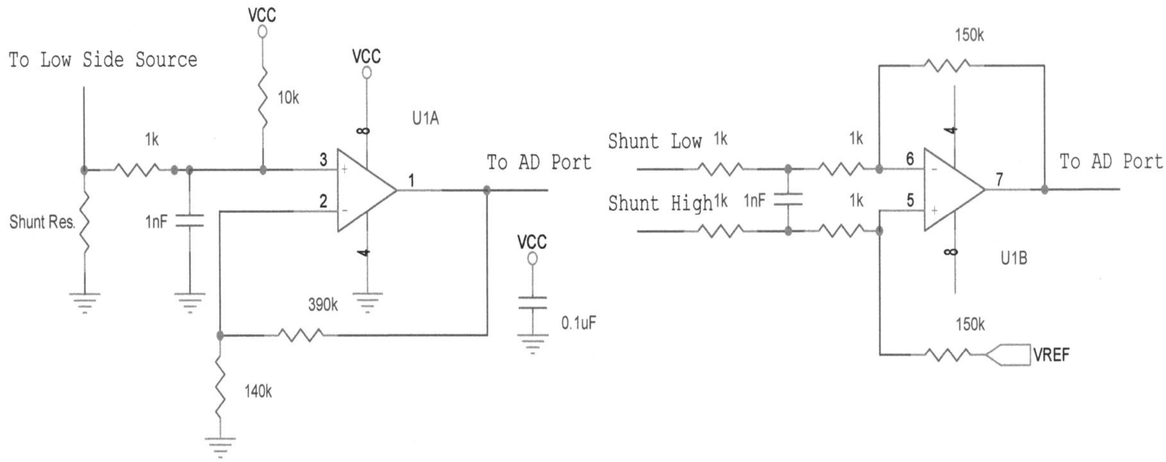

그림 5.13 전류 감지전압 증폭회로

이용할 사용할 수 있다. 증폭비는 저항값을 선택하여 사용자가 정해서 사용하여야하며, 때에 따라서 Op-Amp의 출력단에는 1 nF정도의 Capacitor를 넣어 주어도 좋다. 사용하는 Op-Amp는 전원의 복잡성을 피하기 위하여 단일 전원용 Op-Amp(예를 들어 LM358류, FAN4174등)를 사용하는 것이 일반적이다. 보드의 크기를 작게 만들기 위해서는 LMV321을 사용하는 경우도 있다.

5.5 BLDC드라이버 전용 IC

BLDC 모터 전용 드라이버 IC는 구하기 쉬운 것으로는 다음과 같은 것들이 있다. 간략히 기능만을 소개한다. 자세한 사항은 Data sheet를 참조하기 바란다.

◈ L6235 :

ST Microelectronics, BLDC Motor Driver, 52 V, 5.6 A peak(2.8A continuous), Brake function, Tacho output, Hall Sensor Input, Cross conduction protection, RdcOn=300$m\Omega$.

◈ L6234 :

ST Microelectronics, Three Phase Motor Driver, 52 V, 5 A Peak Current, RdsOn=300$m\Omega$, cross conduction protection, Thermal shutdown, Hall 센서 입력은 CPU에서 받아서 처리하는 형태임.

◈ MC33035 :

Motorola, Brrushless DC Motor Controller, 외부에 FET, Current Sensing IC등을 부착하여 사용, 10 - 30 V.

◈ MC33927 :

Motorola, Three-phase Field Effect Transistor Pre-Driver, FET를 외부에 부착하여 사용. 1.0 A Gate drive 능력, Programmable Dead Time등의 기능.

◈ A3936 :

Allegro, BLDC Motor Driver, 50 V 3 A Continuous, RdsOn = 300 - 500 $m\Omega$, Thermal Shutdown, Tacho output, cross conduction protection, Hall sensor input.

◈ A3938 :

Allegro, BLDC Motor drive controller, FET를 외부에 부착하여 사용함.

5.6 BLDC모터 설계 예

이 절에서는 선진 메이커들의 BLDC모터 설계를 살펴보고자 한다. 이절에서 언급된 제품들은 어떤 특정한 기준을 가지고 선정한 것은 아니며 단지 입수가 가능하였던 것을 대상으로 하였다.

5.6.1 Maxon DECS 24/1의 분석(249633)

그림 5.14 Maxon DECS24/1

기본 사양 :

- 1-Quadrant,
- Hall Sensors Input
- maximum Output: 24 W
- supply voltage: 5 - 24 VDC

1. 크기 : 36.2 mm x 56.8 mm
2. CPU : PIC16F870 사용, 3.5 kbytes Flash, 5 Mips, 128 bytes of RAM

3. FET : Fair Child FDS 4559 60 V Complementary Power Trench MOSFET
   N-Channel : 4.5 A, 60 V 55 mOhm Total Gate Charge: 12.5 nC
   P-Channel:-3.5 A - 60 V 105 mOhm Total Gate Charge: 15 nC
4. P-N Channel을 사용함으로서 Gate Driver를 사용하지 않고, BC847을 이용하여 Drive하였음.

5.6.2 Maxon 50/5 Driver 분석

기본 사양 :

- 1-Quadrant,
- Sensorless(NO Hall Sensors Input)
- Supply voltage: 10-50 VDC

1. 크기 : 51 mm x 71 mm
2. CPU : 8 bit 8 MHz 44 pin STMicro의 CPU 7FMC2S4T6 사용

그림 5.15 Maxon 50/5

3. FET : IRFR2307 75V 16 mOhm, 42 A
4. Gate Driver : LM5109B 1 A 14 V Max(Naional Semiconductor)

5.6.3 Microchip의 BLDC 모터 드라이버 설계 Reference Kit

Microchip사에서는 “dsPICDEM MCLV Development Board"를 BLDC모터 또는 PMSM모터의 드라이브 개발 보드로 제공하고 있다. 이 보드는 센서 있는 구동/센서 없는 구동이 모두 가능하며 CPU도 제한적이기는 하지만 원하는 CPU로 교환하여서 시험해 볼 수 있도록 되어 있다. 최대 공급전압 48 V, 최대 전류 15 A까지 사용할 수 있도록 되어있다. 구동 소자는 Fairchild사의 55 N10(100 V, 55 A, 26 $m\Omega$) 을 6개 사용하고 있으며, Gate Driver로는 IR2101을 사용한다. 권선 전류의 측정은 5.4절의 방법 2를 사용하고 있다.

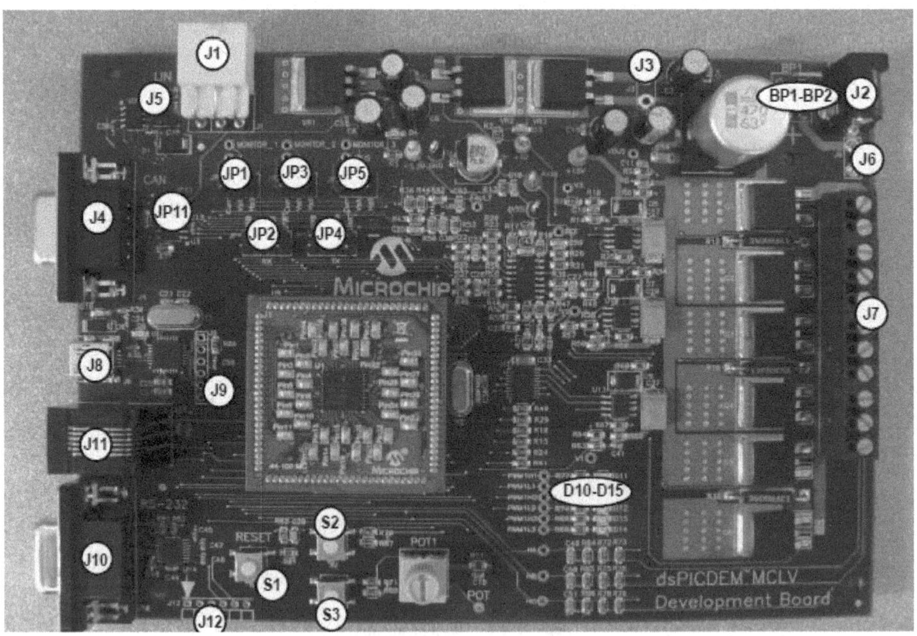

그림 5.16 Microchip사의 MCLV Development Board

통신은 CAN과 LIN, RS-232를 제공하고 있으며, 자사에서 제공하는 응용 노트(Application Note)를 시험해 볼 수 있도록 되어 있으며, 자사에서 제공하는 모터 교육에도 이 보드를 사용하고 있다. 모터 제어용 CPU를 상당히 광범위게 제공하고 있는 회사의 보드인 만큼 원하는 CPU를 PIM(Plug In Module)형태로 구입하거나 만들어서 개발해 볼 수 있도록 되어 있다. 이 보드를 구입하여도 시험용 모터는 제공되지 않는다.

5.6.4 Luminary Micro사의 BLDC 모터 드라이버 설계 Reference Kit

Luminary Micro사는 Texas Instrument계열의 회사이다. 물론 Texas Instrument사에서도 모터와 관련된 프로세서를 다양하게 판매하고 있지만 Luminary Micro사에서도 자사에서 판매하는 LM3S8971 Microcontroller를 사용하여 BLDC모터 제어 RDK(Reference Design Kit)를 제공하고 있다.

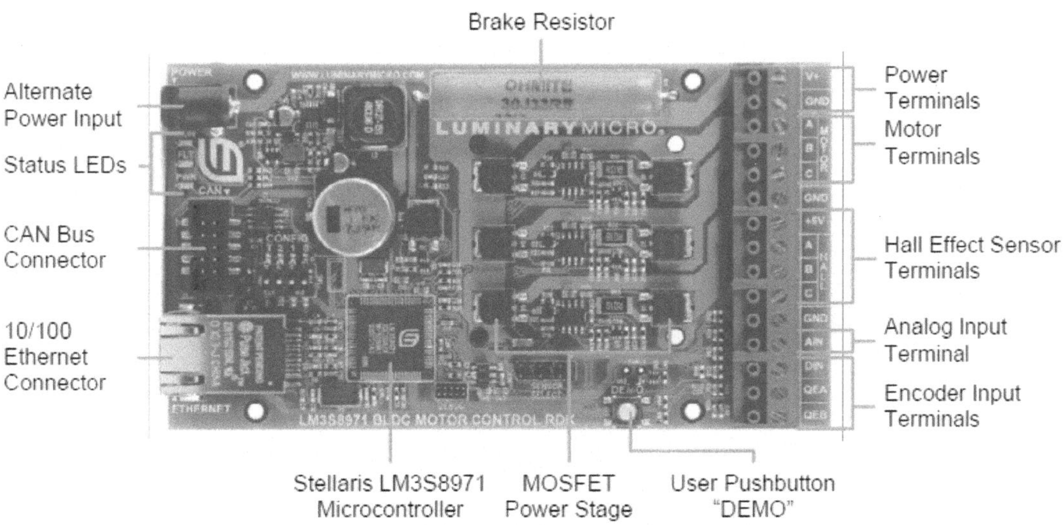

그림 5.17 Luminary Micro사의 RDK-BLDC

이 CPU는 Arm Cortex M3 Core를 사용하고 있으며, 보드에는 Ethernet과 CAN이(RS-232 사용가능) 장착되어 있다. 사용한 FET는 Fairchild사의 FDD13AN06A0(60 V 50 A, 13.5 $m\Omega$) 이며, 사용한 Gate Driver는 같은 회사의 FAN7382 이다. 권선 전류의 측정은 5.4절의 방법 1을 사용하고 있다. 10000 rpm 36 V에 15 A까지 사용이 가능하다. 센서 없는 구동과 센서 있는 구동은 물론 엔코더를 이용한 구동까지 시험이 가능하지만 엔코더를 이용한 구동은 샘플 코드가 제공되지는 않는다. 이 키트를 구입하면 소형의 BLDC모터를 제공하기 때문에 빠른 시험이 가능하다.

5.6.5 Freescale사의 BLDC 모터 드라이버 설계 Reference Kit

Freescale사에서도 BLDC 모터 드라이브 키트를 "3-Phase BLDC/PMSM Low Voltage Motor Control Drive"라는 명칭으로 제공하고 있다. 다른 종류도 있지만 여기에서는 이 드라이브에 한정하여 간략히 소개한다. 제어용 microcontroller는 daughter board형태로 교체하여 사용할 수 있으며,

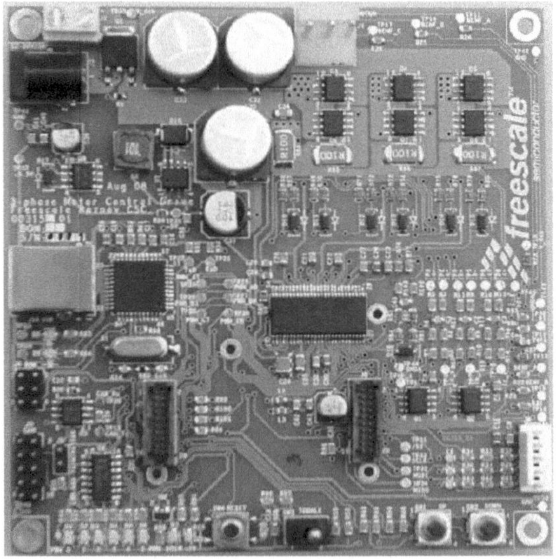

그림 5.18 Freescale사의 BLDC모터 드라이버 설계보드

FET는 Fairchild사의 FDS3672(100 V 7.5 A 22 $m\Omega$)를 사용하고 있으며, FET의 드라이브와 관련된 부분은 전용 드라이버인 MC33927JM60 하나를 사용하여 해결하고 있다. 전류 검출은 5.4절의 방법 2를 사용하고 있으며 증폭용 OP-Amp는 MC33502를 사용한다.

5.6.6 ST Microelectronics의 BLDC 모터 드라이버 설계

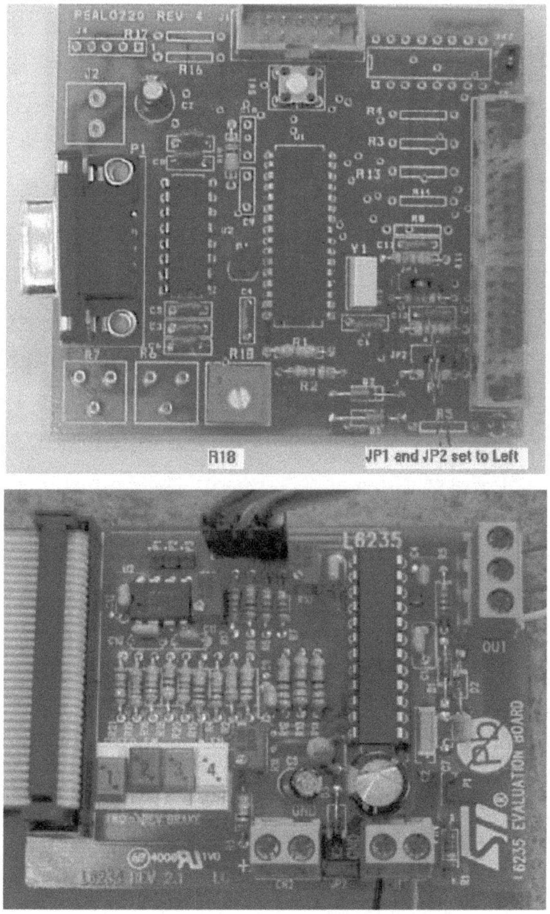

그림 5.19 Stmicroelectronics사의 L6235 Evaluation Kit(좌: ST7MC모듈, 우: L6235 Nodule)

ST Microelectronics사에서는 자사의 L6235 BLDC전용 드라이버 IC를 이용한 Evaluation Board를 제공하고 있다. 이 보드는 자사의 ST7MC CPU와 Flat Cable로 연결하고 S/W는 제공되는 PractiSpin을 사용한다. 따라서 IBM호환 컴퓨터에서 쉽게 모터를 구동해 볼 수 있다.

5.6.7 Mikrokopter의 BLDC 모터 드라이버 설계

Quadcopter나 모형 헬기에도 이제는 BLDC모터의 사용이 활발하다. 독일의 Mikrokopter사에서는 이러한 모터를 위한 BLDC 드라이버를 판매하고 있다. 이러한 용도로 사용되는 모터는 저전압(대체로 15 V이하)에서 사용되지만 전류는 순간적으로는 수십 A에 이를 정도로 상당히 높고 모터는 소위 통돌이 모터라고 부르는 Outrunner형(모터의 회전자가 모터몸체의 외부이다. 모터 몸체의 외부가 회전한다.)을 많이 사용한다.

또한 비행체에 사용되기 때문에 드라이버도 소형으로 만드는 경향이 있고 FET는 저전압용을 많이 사용한다. 이러한 모터는 보통 홀 센서가 부착되어 있지 않은 모터를 사용하기 때문에 센서리스 구동을 하여야한다. 하지만 실제 사용은 저속에서는 거의 사용하지 않기 때문에(보통 수천 rpm이상 사용) 로터 정열과 기동만 잘하고 나면 별 문제없이 사용이 가능하다. 사용하는 CPU는 Atmel사의 8비트 microcontroller인 Atmega8이다.

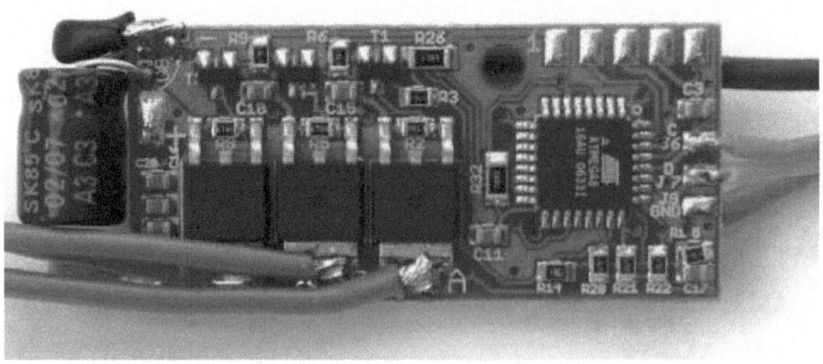

그림 5.18 독일 Mikrokopter사의 BLDC 드라이버

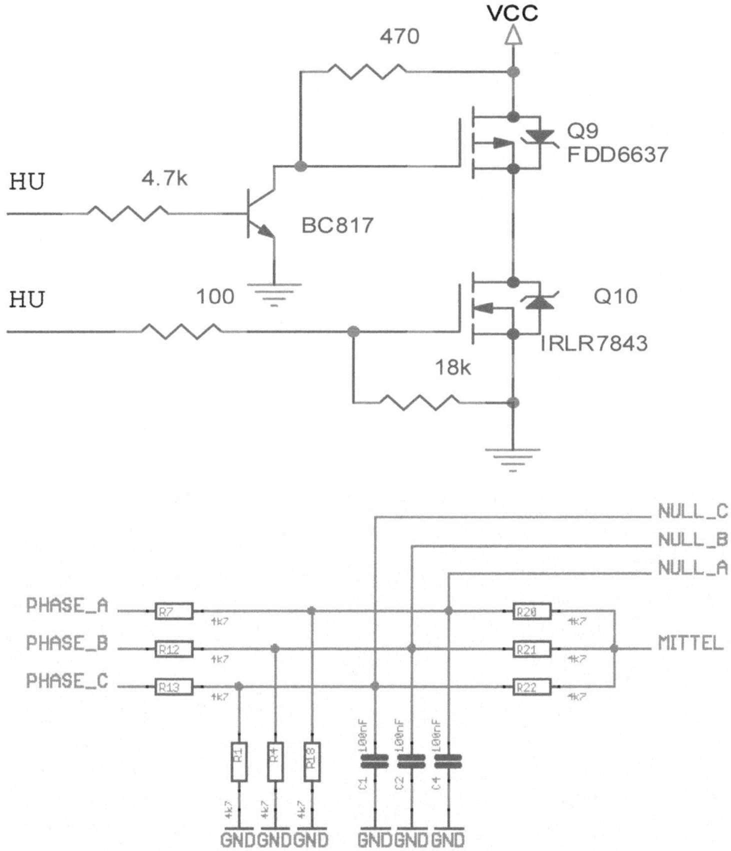

그림 5.19 독일 Mikrokopter사의 BLDC 드라이버 회로 (왼쪽: Half Bridge회로, 오른쪽: 역기전압 감지회로, www.mikrokopter.de 에서 인용)

사용하는 FET는 High Side에 FDD6637(P-channel, -35 V, -55 A, 18 $m\Omega$) 이고 Low Side에는 IRLR7843(N-channel 30 V 160A, 3.1 $m\Omega$)이지만 사용하는 FET가 고정되어 있지는 않고 바뀌는 경우도 있다. IRLR7843은 IRLR8743으로 대치되었다.

5.6.8 K대학 연구실의 BLDC모터 설계

그림 5.20 K대학의 소형 PMSM모터 드라이버

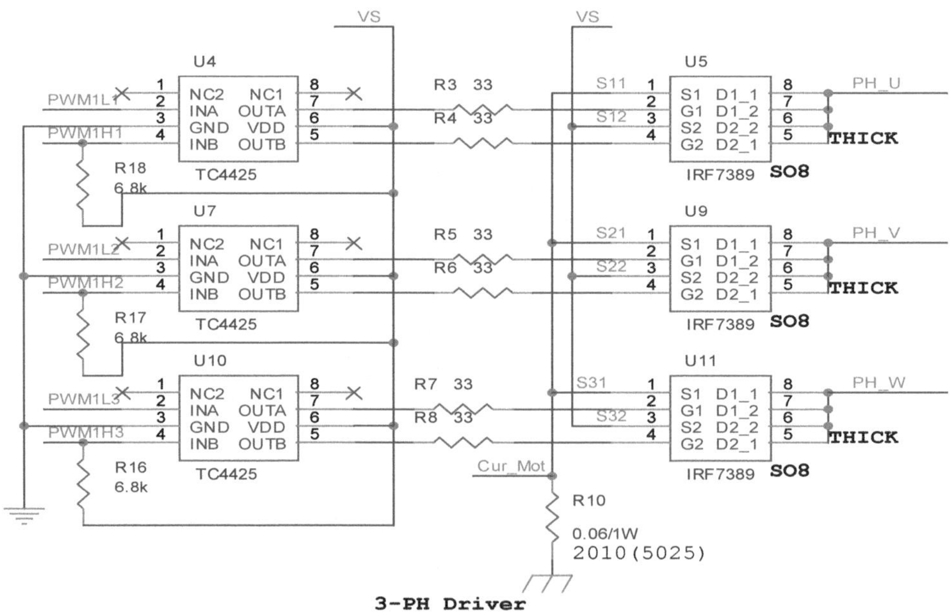

그림 5.21 저전압 Gate Driver를 사용하는 K대학의 PMSM 드라이버단 설계.

소형의 BLDC모터 드라이버는 전류가 크지 않고 전압도 그다지 높지 않기 때문에 두 개의 FET가 하나의 SO-8 Package에 실장된 FET를 사용하기도 한다. 또한 16 V이하의 권선 전압을 사용하는 경우에는 DC모터에서 설명한 바와 같이 소형의 전용 FET드라이버를 사용할 수 있다. 이렇게 하면 소형의 드라이버를 만드는 것이 가능해 진다. CPU의 경우에는 QFN 패키지 형태를 사용하면 소형화 할 수 있고, Op-Amp는 LMV321등을 사용하면 소형화 될 수 있다. 이렇게 하여 제작된 모터 드라이버의 크기는 35 mm x 25 mm이며 RS-232, CAN Interface를 실장하고 있으며, 12 V 단일전원 공급이다. 드라이버의 전류는 상시 3 A까지 가능하다. 실제로는 TR Drive를 사용하면 더 소형화가 가능하다고 보인다.

5.7 BLDC모터의 제어 프로그램

BLDC모터라고해서 다른 모터의 제어와 많이 다르지는 않다. DC모터에서는 rotor의 위치에 관계없이 권선전류만을 제어해 주었으나, BLDC모터의 경우에는 로터의 위치를 Hall Sensor를 이용하여 읽거나 센서 없는 구동의 경우에는 상전압을 이용하여 감지하여 그에 맞는 전류를 세 개의 상에 흘려주면 되는 것이다. 6단계 제어법의 경우에는 이것이 전부이다. 하지만 사인파 구동에서는 공간 벡터 제어법을 이용하여 상이 변하는 중간위치에서의 전류까지도 제어해 준다는 것이 다를 뿐이다.

사실 PMSM의 사인파 구동은 6장에서 설명한 AC서보 모터의 제어와 완전히 동일하다. 다른 점이 있다면 PMSM의 경우에는 센서의 입력이 변화하지 않는 구간에서는 로터의 회전 위치를 알 수 없다는 단점이 있는 반면에 AC서보 모터의 경우에는 로터의 위치를 정확히 알 수 있다는 점이 다르다. 제어기의 구조는 3장에서 설명한 부분과 완전히 같다. 따라서 BLDC모터의 제어에 관한 설명은 6장 AC서보 모터의 제어를 참조하는 것으로 한다.

BLDC모터가 AC 서보 모터와 다른 점중의 하나는 BLDC모터는 소형이 많고(물론 출력이 큰 것도 있지만), 10000 rpm이상의 고속 회전을 하는 모터가 많다는 것이다. 어떤 모터가 12000 rpm으로 회전하고 4개의 극을 가지고 있다면 모터가 전기각 1회전하는 동안에 6번의 홀 센서 입력이 변하므로 홀 센서 입력이 변화하는 최대 주파수는 다음과 같이 계산할 수 있다.

$$\frac{12000\ rpm}{60\ \mathrm{sec/min}} \times 4 \times 6 = 4800\ Hz$$

이것은 주기 0.208 msec에 해당된다. 이시간은 부동 소수점을 이용하여 PID연산을 하는 등의 계산을 하는데 결코 충분한 시간이 아니다. 부동 소수점 연산 기능이 있는 DSP등을 사용한다면 문제가 없을 것이나 그렇지 않은 경우라면 계산시간이 문제가 될 수 있다. 따라서 PID연산을 하는 데에 소요되는 시간을 절대적으로 줄여 주어야한다. 보통 사용하는 DSP들에는 PID연산을 하는 DSP 라이브러리를 제공하므로 별 문제가 없다(이 부분의 설명는 6장을 참조한다,). 그러나 8비트의 microcontrolle를 사용하는 경우에는 속도가 문제될 수 있다. 이러한 경우에는 PID연산을 정수형으로 환산하여 사용하지 않으면 안 된다.

또 하나의 다른 점은 Hall Sensor를 많이 사용한다는 것이다. 앞에 설명한 바와 같이 고속회전을 하는 경우에는 CPU에게 주어진 시간이 많지 않기 때문에 프로그램에서 홀 센서의 상태가 변하였는가를 Polling방식으로 검사한다는 것은 비효율 적이다. 요즈음의 microcintroller에서는 입력 핀의 상태가 변하면 인터럽트가 걸리게 하는 기능들이 있다. 이러한 인터럽트를 PCI(Pin Change Interrupt)라고 하는데 이러한 인터럽트를 이용하여 핀상태 변화를 읽어서 효율적으로 홀 센서의 상태 변화를 감지할 수가 있다.

또한 이렇게 고속 회전을 하는 BLDC의 경우에는 AD변환을 하는 시간도 문제될 수 있다. 12000 rpm으로 회전하는 4극 모터의 경우에는 최소한 5 KHz의 Sampling 주파수를 가지고 있어야하며, CPU가 AD 변환을 시작하게하고 AD변환의 완료를 기다리는 식의 프로그램을 하면 시간이 문제가 될 수 있을 것이다. 최소한 AD변환을 연속적으로 동작하게 하고(free running) AD변환 완료 신호의 인터럽트를 사용하여 AD변환에 소요되는 시간을 줄여 주어야한다. 요즈음 시판되는 microcontroller의 경우에는 이러한 기능을 대부분 가지고 있는 듯하다. 좀 더 고성능의 CPU의 경우에는 AD변환의 결과를 DMA와 연동 시켜서 효율적인 AD변환이 가능한 것들도 있다.

5.8 BLDC모터 관련 유용한 자료

서적:

서적은 실제로 Vector Control을 알고자 하지 않는 경우에는 그다지 필요하지는 않은 듯하다. 하지만 3번의 책은 지금 시중에서는 구하기 어렵지만 dsPIC30 Family를 이용하여 모터 드라이버를 프로그램하는 방법과 모터 동작원리 등이 간략히 설명되어 있다. 1번 책은 핸드북이다. 따라서 거의 모든 모터에 관하여 설명되어 있다.

1. "Handbook of Electric Motors", Marcel Deker, Ed. Richard H. Engelmann, William H. Middendorf, 1995.
2. "Design of Brushless Permanent magnet Moitors", Magna Physics Pub., J. R. Hendershot Jr. and TJE MILLER, 1994
3. “마이크로칩 마이크로 컨트롤러응용 모터 컨트롤“, 지앤북, 서한석, 최영섭, 2007.
4. “AC サボシステムの理論と設計の實際“, 總合電子出版社, Hidehiko Sugimoto, Masato Koyama and Shinzo Tomai, 1990.
5. “Vector Control of AC Machines", Clarendon Press, Peter Vas, 1990.

웹사이트:

너무 미국회사들의 웹사이트만 나열한 듯 하지만, 다음의 사이트에 들어가면 많은 자료들을 찾아볼 수 있다.

1. www.microchip.com : application and Markets의 Motor control로 찾아들어 가면 Microchip의 BLDC, DC모터 관련 자료들이 많다.
2. www.st.com : application->industrial->motor control로 찾아들어 가면 ST microelectronics의 모터 자료들이 있다.
3. www.atmel.coom : application->motor control로 찾아들어 가면 motor 관련 자료들이 있다.
4. www.freescale.com : motor control로 찾아들어 가면 motor관련 자료들이 있다.
5. www.luminary.com : browse by application-> motion control로 들어가면 쉽게 모터 관련 자료를 찾아볼 수 있다.
6. www.microchipkorea.kr : 마이크로칩 한국지사. 자료실에 가면 교육 자료 등이 많다.
7. www.mikrokopter.de : Mikrokopter사의 BLDC모터 드라이버 자료를 볼 수 있다. 소스코드등도 독일어로 되어 있지만 공개되어 있다. 이곳에서 사용하는 모터는 고속회전용 센서 없는 저전압 고전류의 모터라는 것을 감안하여야한다.
8. www.maxonmotor.com : 우리에게 스위스 모터라고 알려져 있는 맥슨 모터에 관련된 자료를 모두 찾아볼 수 있다.
9. www.faulhaber.com : 이회사의 모터도 우리에게는 스위스 모터로 알려져 있다. DC 모터를 포함한 EC 모터(BLDC 모터, Electronically Commutated Motor)의 자료를 찾아볼 수 있다.

Application Note 등:

실제로 CPU메이커의 응용 노트는 실무적으로 바로 적용할 수 있도록 쓰여진 것들이 많다. 이러한 반도체 회사에서 발매하고 있는

Evaluation Kit(ghrdms Reference Design Kit)와 함께 응용노트는 실무적으로 많이 도움이 된다. 이외에도 많지만 여기에 모두 나열하기는 어렵다.

이러한 응용 노트에서는 S/W까지 제공하는 경우가 많은데, 가끔은 잘 작동하지 않는 S/W도 있는 듯 하지만 대부분 몇 가지의 파라메터들만 바꾸어 주면 잘 작동한다.

1. Space vector modulation using 8-bit ST7MC microcontroller and ST7MC-Kit/BLDC starter kit. St microelectronics AN2154
2. dsPICDEM MCLV development board User's Guide, Microchip 사용자 manual.
3. 3-Phase Sensorless BLDC Motor Control using MC9S08MP16, Freescale, DRM117
4. Brushless DC Motor Control Made Easy, Microchip Application Note AN857
5. Sensorless BLDC Motor Control with back-EMF filtering, Microchip Application Note AN1083
6. Sensorless Field Oriented Control of PMSM Motors, Microchip Application Note 1078
7. Sinusoidal Control of PMSM Motors with dsPIC30F DSC, Microchip Application Note 1017
8. Sensorless Brushless DC Motor Reference Design. Silicon Labs Application Note AN208
9. Fully Integrated BLDC Motor Control from the Signal Generation to the Full BLDC Motor Control Chain, Atmel Application Note4987A-AUTO-03/07
10. AVR435: BLDC/BLAC Motor Control Using a Sinus Modulated PWM Algorothm, Atmel Application Note 7671A-AVR-09/06

11. Implementation of a Speed Controlled Brushless DC Drive Using TMS320F240, Texas Instrument, Literature Number BPRA064
12. DSP Solutions for BLDC Motors, Texas Instrument, Literature Number BPRA055
13. Stellaris Brushless DC(BLDC) Motor Control Reference Design Kit with Ethernet and CAN, Luminary micro, RDK-BLDC-UM-00
14. Hall Sensor를 이용한 Motor Control, 마이크로칩코리아, Motor 교육자료

Chapter 6

AC 서보 모터 드라이버

AC서보 모터는 PMSM(Permanent Magnetic Synchronous Motor)에 Hall Sensor와 Encoder를 부착한 모터라고 보면 된다. 이러한 모터는 BLDC모터와는 달리 분해능이 높은 엔코더를 부착하고 있다는 것이 다르다. 보통 1 회전당 512 펄스이상, 보통은 2048 - 2500 펄스의 것이 사용되고 더 분해능이 높은 엔코더를 사용하는 경우가 많다. 소형의 경우에는 BLDC모터를 구하기가 쉽지만 100Watt이상에서는 BLDC모터를 구하는 것보다는 AC서보 모터를 구하는 것이 쉬운 경우가 많다. 경우에 따라서는 AC 서보모터를 구입하여 PMSM모터처럼 구동하는 것도 가능하다(엔코더가 15선 식인 경우에 한정됨).

6.1 AC 서보 모터와 PMSM 모터

보통은 AC 서보 모터는 제어하기가 어렵다고 알려져 있지만 실제로는 PMSM의 사인파 구동보다 쉽다. 그 이유는 PMSM의 경우에는 홀 센서만 가지고 있기 때문에 2극쌍(2-pole pair) 모터인 경우에는 한 바퀴를 24등분하여 위치를 알 수밖에 없다. 또는 전기각 360도를 24등분한 15도의 분해능밖에 가지고 있지 못하다. 그러나 분해능 2500pulse/rev의 엔코더를 가진 모터의 경우 4체배를 하여 사용하면 모터 1회전당 10000펄스의 분해능을 얻을 수 있고, 따라서 2극쌍 모터의 경우 전기각 360도를 2500등분한 분해능으로 위치를 알 수 있는 것이다. 따라서 PMSM의 경우에는 홀센서의 변화가 일어나지 않는 구간(전기각 15도)에서는 지금 어느 정도 로터가 회전하였는지를 모르지만 이 경우 AC서보 모터는 홀 센서의 변화가 일어나지 않는 구간을 416.7등분을 하여 위치를 알 수 있는 것이다. 따라서 홀센서의 신호를 이용하는 경우보다 훨씬 정밀하게 로터의 위치를 알 수 있고, 따라서 정밀한 제어가 가능해 지는 것이다.

부하가 없는 상태에서는 PMSM모터도 인위적으로 몇 초에 모터를 1회전 시키는 것이 가능하다. 하지만 부하가 있는 경우에는 홀센서의 입력이 변하지 않는 구간에서는 로터의 위치를 알 수 없기 때문에 제어를 하기 어렵다. 하지만 AC 서보 모터에서는 그 구간을 수백 등분하여 위치를 알고 있기 때문에 현재 로터의 위치에 해당하는 사인파로 가진하는 것이 가능하다. 따라서 PMSM모터보다 훨씬 제어가 쉽다고 말할 수 있는 것이다. 또한 모터의 제어가 정교하다고 말할 수 있는 것이다.

6.2 Encoder와 홀 센서의 상대 위치

회전 위치 센서로서 AC 서보 모터는 홀 센서와 엔코더(때로는 리졸버(resolver))를 동시에 가지고 있는데 홀 센서의 위치와 엔코더의 위치는 서로 정해진 상대적인 위치를 가지는 것이 보통이다. 우리나라에서는 AC 서보 모터를 Komotek 이라는 회사에서도 생산하고 LS Mechapion에서도 생산되고 있다. 모터 본체를 생산하는 다른 업체가 더 있는지는 모르겠다. 일본이나 미국등지에서는 많은 업체들이 AC 서보 모터를 생산하고 있다. 이러한 AC 서보 모터는 보통 모터에 Encoder를 접속하기 위한 커넥터를 따로 가지고 있는데 9선식 혹은 15선식 등으로 부른다.

그림 6.1에 모회사의 엔코더 커넥터의 핀배치를 보였다. 보통 AC 서보모터는 모터와 드라이버 사이의 거리가 먼 경우가 많기 때문에 Differential Mode로 신호를 보내준다. 9선식의 경우 A상 B상 그리고 Z상(회사에 따라서는 I상으로도 부름. 영점 혹은 인덱스 신호) 에 각 각 두선씩 그리고 전원용으로 두선 그리고 Frame GND(Shield)용으로 한선을 배정한다. 15선식에서는 홀 센서 신호 U, V 그리고 W에 각각 두선씩 더 배정하여 총 15선이 되는 경우가 많다. 15선식에서는 따로 홀 센서신호가 나오기 때문에 문제가 없다. 언제나 원하는 순간에 홀 센서 신호를 읽을 수 있고 엔코더의 신호도 읽을 수 있기 때문에 아무런 문제가 없다.

Encoder Type	Wires	Part No.	Pin Specification										Outlines
Inc.	15	AMP/ 172171-1	Pin	1	2	3	4	5	6	7	8	9	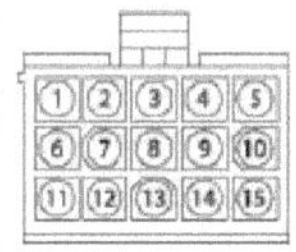
			Signal	A	$\overline{A}$	B	$\overline{B}$	Z	$\overline{Z}$	U	$\overline{U}$	V	
			Pin	10	11	12	13	14	15				
			Signal	$\overline{V}$	W	$\overline{W}$	+5V	0V	FG				
	9	AMP/ 172169-1	Pin	1	2	3	4	5	6	7	8	9	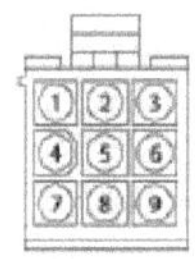
			Signal	A	$\overline{A}$	B	$\overline{B}$	Z	$\overline{Z}$	+5V	0V	FG	
Abs. (17bit)	9	AMP/ 172169-1	Pin	1	2	3	4	5	6	7	8	9	
			Signal	BAT+	BAT-	FG	SD	$\overline{SD}$		+5V	0V		

그림 6.1 엔코더 커넥터 핀 배치 예(코모텍 카탈로그에서 인용하였음)

9선식에서는 홀 센서와 엔코더간의 상대 위치를 메이커에서 정해진 방식으로 보내어 준다. 예를 들어 어떤 업체의 모터에서는 엔코더에 전원이 인가된 후 수백 msec동안은 홀센서의 정보를 엔코더선에 실어서 보내주고 그 이후에는 실제 엔코더 신호를 실어서 보내준다(아마 타마카와의 엔코더를 9선식으로 사용하는 경우에는 이러한 방식인 듯하다.). 따라서 드라이버에서는 전원이 투입되고 난 직후에 엔코더 신호를 읽어서 홀 센서의 신호로 사용할 수 있다.

AC 서보 모터에서도 이 신호를 사용하여야 초기에 안정된 구동을 할 수 있다. 또한 보통 엔코더의 Z상(I상) 신호는 U상의 정점 혹은 V상의 정점에 맞추어 조립되는 것이 보통인 듯하다(하지만 이 정보에 대해서는 메이커의 확인이 필요하다.). 따라서 모터에 전원이 인가된 후 한 바퀴 정도는 PMSM구동과 같은 방법으로 구동하지만 엔코더의 영점이 확인된 이후에는 엔코더 신호만 가지고 구동하여도 정확한 로터의 위치를 알 수가 있는 것이다.

6.3 AC 서보 모터의 구동

AC서보 모터를 구동하는 회로는 PMSM모터의 구동회로에 Encoder Interface회로만 더 있으면 된다. PMSM의 경우보다 AC 서보 모터는 대형의 것이 많고 모터 선의 길이가 길고 산업현장에서 사용되는 경우가 많기 때문에 보통의 신호는 Differential 방식을 사용하는 정도만 다르다(그림 2.4 참조). 그리고 모터의 효율을 높이기 위하여 권선에 가해지는 전압을 200 V로 하는 경우가 많다. 물론 24 V로 설계된 것도 있지만 대형 모터의 경우에는 380 V를 사용하는 경우도 있다. 권선 전압과 엔코더가 부착되어 있다는 점만 빼면 나머지는 PMSM 모터 드라이버와 같다. 따라서 공간 벡터제어 부분은 5장을 참조하여야한다. 따로 설명할 것이 거의 없다. 따라서 여기에서는 저전압(24 V) AC 서보모터 드라이버 회로와 고전압(200 V)용 드라이버 회로의 예를 설명함으로 구동 회로의 설명을 대신하려고 한다.

6.3.1 저전압 AC 서보 드라이버

보통 AC 서보 드라이버에서는 저전압이라고 하더라도 24 V미만의 전압을 말하는 경우는 거의 없다. 소형의 모터인 경우에도 권선 전압을 200 V사용하는 경우도 있고 낮은 경우도 24 V(60 V급의 FET사용이 적절)나 40 V (100 V급 FET사용이 적절)를 사용하는 경우가 많다. 따라서 여기에서는 24 V용의 드라이버 회로를 설명하고자 한다.

직류 구동 모터의 구동회로에서 설명한 바와 같은 FET구동회로를 사용할 수 있다. 저전압인 경우에는 IGBT를 사용하는 경우가 거의 없는 듯하고, FET를 사용한다. 이미 2장에서 설명한 바와 같이 FET를 구동하는 방법은 Gate Driver를 사용하는 방법과 TR을 이용하는 방법이 있는데, AC서보 드라이브를 만드는 경우에는 비교적 성능이 나은 N-Channel FET를 High Side와 Low Side에 사용하기 위하여 Gate Driver를 사용하는 것이 좋을 듯하다. Fairchild 사의 FAN7381(IR2101등도 핀 호환으로 이 경우에는 사용이 가능하다)를 사용하여 모터를 구동하는 드라이브 회로의 예를 그림

6.2에 보였다.

이 설계는 권선에 흐르는 총 전류만을 측정하고 있다. 보통은 각각의 권선에 흐르는 전류를 측정할 수 있도록 세 개의 션트 저항을 사용한다. 이 경우 Gate 드라이브 전압으로 15 V를 사용하고 있는데, 이 전압은 전압

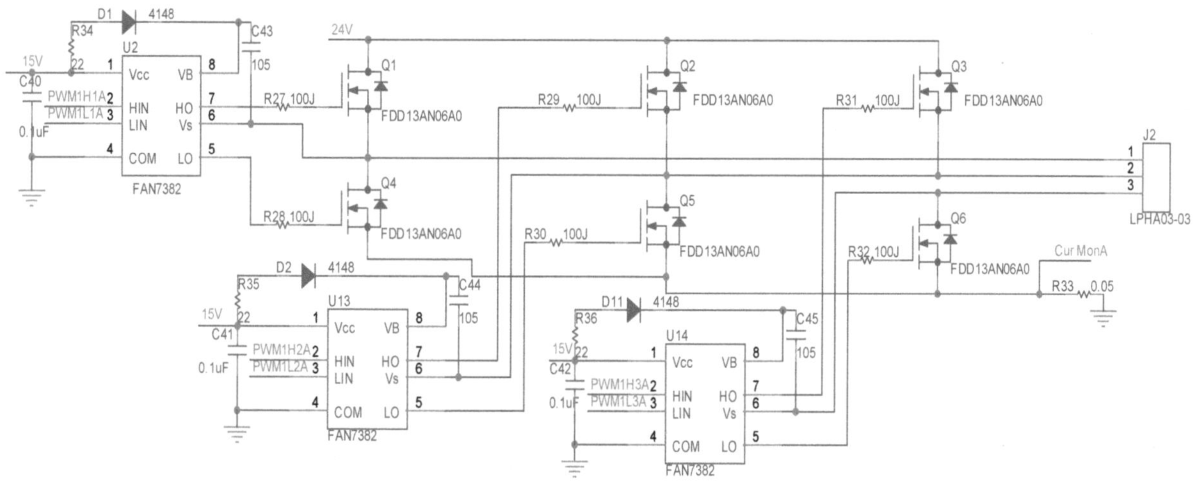

그림 6.2 GAte Driver를 이용한 FET 드라이버(3상)회로 예

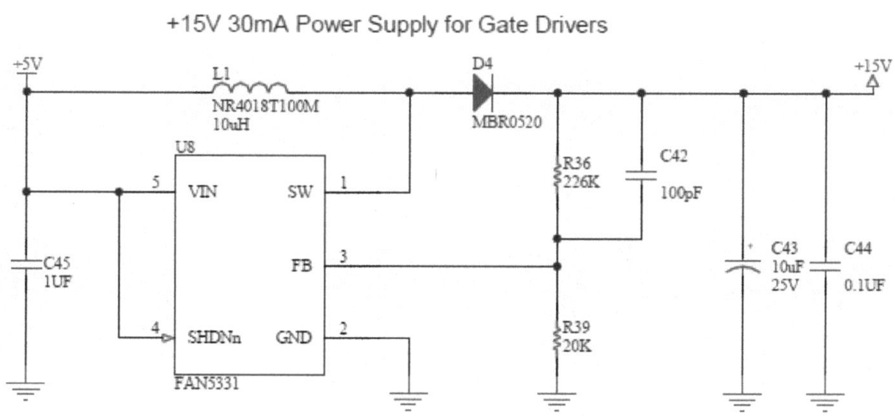

그림 6.3 5 V->15 V 30 mA 발생회로(Luminary Micro BLDC RDK에서 인용)

레귤레이터 등으로 만들어 사용할 수도 있지만 그림 6.3과 같이 만들어 사용하기도 한다. 이 경우 코일의 크기가 좀 커지는 문제가 있고 나머지의 부품은 작기 때문에 전압 레귤레이터를 사용하는 경우와 비슷한 공간을 차지한다.

그림 6.4에는 이러한 드라이버 회로에서 실제로 사용하였던 CPU가 나타나 있다. microchip의 dsPIC33FJ64MC802를 사용하였는데 이 CPU는 최대 40MHz로 동작하면서 AC서보 모터의 구동에 필요한 다음의 기능을 가지고 있다.

1. QEI(Encoder) Interface : Z-상의 Interrupt를 이용하여 회전수를 Count할 수 있음.
2. PWM 8 Channel : AC서보 모터의 경우에 6개를 사용)
3. AD Converter 8 channel : FET또는 방열판의 온도 측정용 1-2 Channel사용, 전류 측정을 위하여 1-3 Channel사용.
4. 내부 Fast RC Oscillator사용: RS-232통신은 문제가 없으나 CAN통신을 하기 위해서는 외부 크리스털을 이용한 발진 필요.
5. Open Collector출력
6. 16비트 Timer 4개: 전류 제어를 위한 주기적인 인터럽트를 위하여 1개 사용.

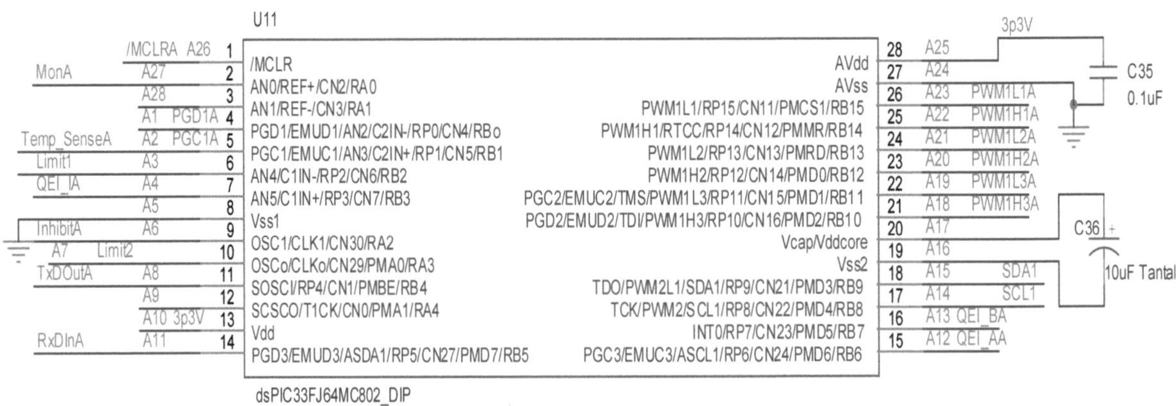

그림 6.4 AC 서보모터 제어용 CPU로 사용가능한 Microchip의 CPU예

7. DMA : AD 변환을 위하여 사용.
8. PID제어를 Built in 함수 제공
9. IIC, SPI, 2-Ch RS-232: Host Controller와의 통신을 위하여 IIC통신을 사용함.

이 CPU는 64 Kbyte의 Flash Memory를 가지고 있으며 16 Kbyte의 RAM을 가지고 있다. 실제로 모터 제어만을 위해서는 Flash Memory의 30%이하를 사용한다. 실제로는 다른 입출력(예를 들어 안전감시를 위한 리미트 스위치 등의 입출력)과 연산을 위하여 사용된다. RAM의 경우에는 모터 제어만을 위해서는 1 Kbyte미만이 소요된다. 모터와 모터가 장착되는 장치의 입출력을 위해서는 6개-10개의 입출력이면 충분하기 때문에 28핀 CPU로도 모터의 제어를 위해서는 충분하다고 보인다. 디지키(Digikey)에서는 낱개 구입시 7 - 8달러, 1000개 이상 구입시에는 5달러 내외에 판매되며, Microchipdirect에서는 낱개 구입시 5달러 내외, 1000개 이상 구입시 4달러 내외로 구입이 가능하다. ST7MC계열의 CPU보다는 높은 가격이지만 합리적인 가격이라고 보이며, 특히 QFN packcge로도 발매되기 때문에 소형의 드라이버 개발이 가능하다.

6.3.2 고전압 AC 서보 드라이버

200V의 고전압을 스위칭 해주기 위해서는 300 V이상의 소자가 사용되어야한다. 이러한 소자중에는 IGBT도 많이 판매되고 있으며, 물론 FET도 판매 되고 있다. 개별 소자를 이용하여 개발하는 것도 좋지만 개별 소자를 이용하는 경우 각개 부품이 PCB에 실장 되어야하기 때문에 PCB사이즈가 커지는 문제가 발생할 수 있다. 이러한 경우에는 Daughter Board형태를 사용하기도 하는데 비용이 발생할 수 있다. 여기에서는 BLDC드라이버 모듈을 이용하는 방법을 설명한다. BLDC 제어를 할 수 있다면 당연히 AC 서보 모터를 제어할 수 있기 때문이다.

이러한 모듈은 여러 회사에서 발매되고 있는데 여기에서는 International Rectifier사의 모듈을 이용하는 방법을 설명한다. IR에서는 Intelligent Power Module 과 Sensorless Power Module을 판매하고 있다. AC서보모터용으로는 Intelligent Power Module이 적합하다. 이러한 Module은 내부에 Gate Driver 3개, IGBT(FET) 6개, 모듈의 온도 측정을 위한 센서(Thermister) 1개와 필요한 저항과 다이오드 등을 내장하고 있다. 예를 들어 IRAMS06UP 60 A는 600 V 5 A(25도에서, 100도에서는 3 A)용량으로 판매 가격은 1000개 구매시 10.2달러정도의 가격이기 때문에 조립비용 등을 감안하면 그다지 고가인 것도 아니다. 패키지의 형태는 PCB보드에 수직으로 실장하는 형태와 PCB에 수평으로 실장하는 형태가 있다.

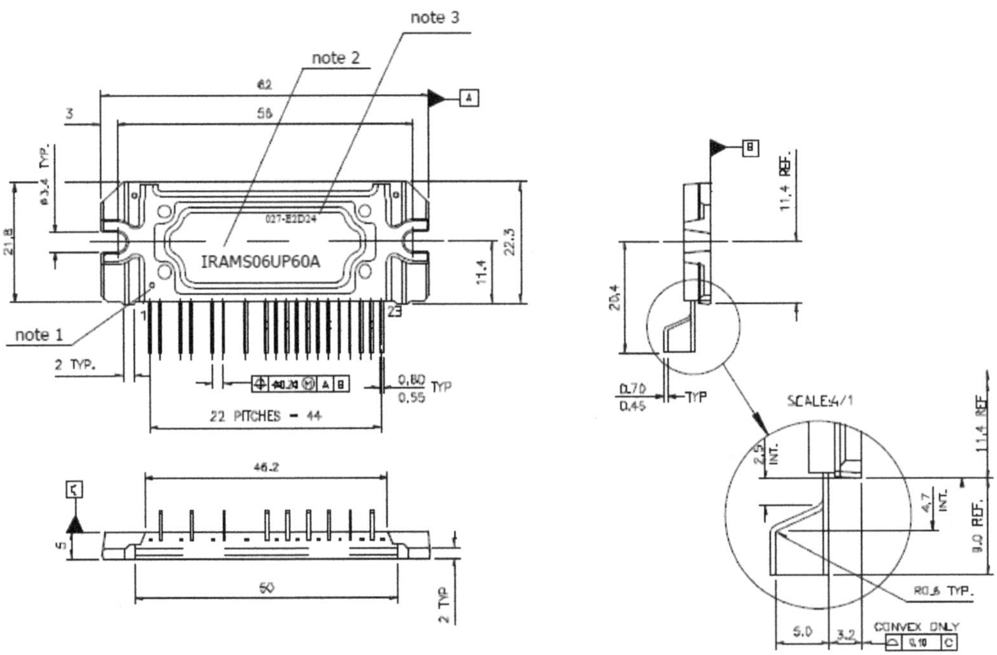

그림 6.5 IRAMSUP60A의 패키지 형태(IRAMSUP60의 데이터시트에서 인용)

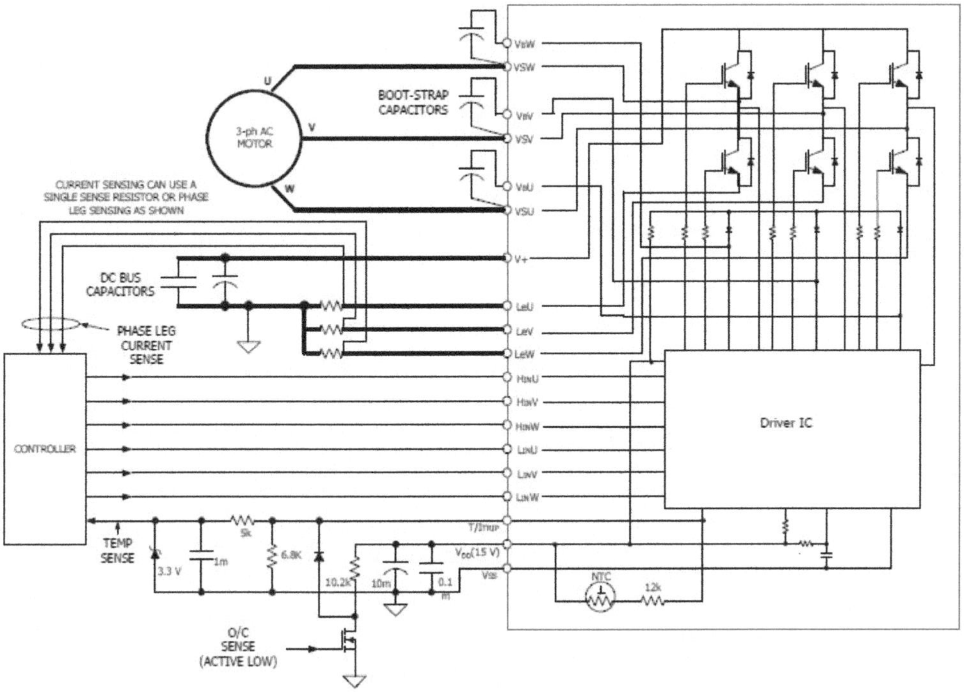

그림 6.6 IRAMSUP 시리즈의 응용 회로(IRAMSUP60의 데이터시트에서 인용).

그림 6.6에는 IRAMS UP 시리즈의 응용 회로의 예를 보였는데 실제로 이이상의 회로가 필요하지는 않다. 내부에 Gate Driver IC와 온도 센서까지 하이브리드 IC의 형태로 들어가 있기 때문에 드라이버 PCB는 다음의 회로 정도만 있으면H/W설계는 거의 끝난 것이나 다름없을 정도이다.

1. 엔코더 Interface 회로 : Differential Type 엔코더인 경우, Open Collecror인 경우에는 Pull Up 회로.
2. 션트저항과 증폭회로.
3. PWM6채널, 엔코더 인터페이스, 네 채널(전류감지 3채널, IC온도감지 1채널)이상의 AD변환기, 필요한 정도의 디지털 입출력을 갖는 컨트롤 CPU.

4. 필요한 경우 리미트 스위치나 누름 스위치 등의 Interface
5. Host Controller 혹은 사용자와의 Interface, 필요한 경우에는 통신 Interface.
6. 필요한 경우에는 전원 회로.

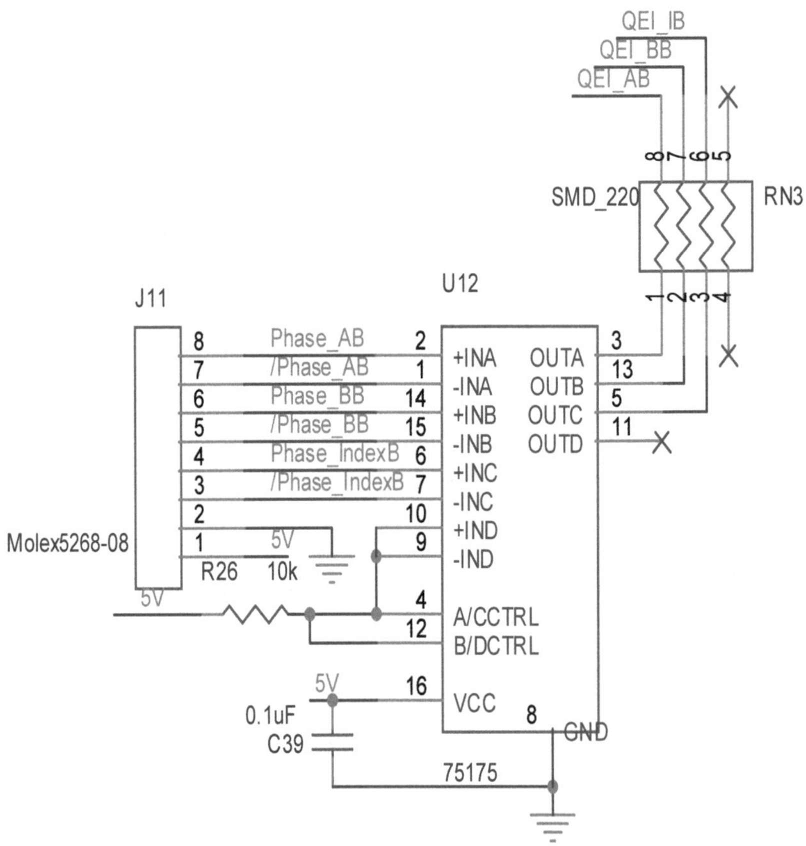

그림 6.7 Differential Type 엔코더 신호 입력용 회로

이렇게 만들어진 드라이버 보드(모터 두 개 제어용)를 그림 6.9에 보였다. 300와트급의 모터까지 구동하는 것이 가능하였고, 90도에서의 고온 환경시험과 영하 20도에서의 저온 환경 시험까지 마쳐서 상용으로 사용하고 있는 드라이버이다. 드라이버용 CPU는 Daughter Board형태로 위에 붙이는 형태이다. 드라이버 칩의 뒷면을 이용하여 충분한 방열이 가능하도록 만들었다.

이러한 드라이버 모듈은 Hybrid IC형태로 조립된 것으로 보이는데 500 V-0.7 A부터 시작하여 600 V-30 A까지(INternational Rectifier사의 경우) 발매되고 있다. 그중에는 150 V-30 A의 것도 있다. 고전압용인 경우에는 단일 소자를 구입하여 사용하는 것보다 편리하게 사용할 수 있다. 이러한 소자는 다른 회사에서도 발매 되고 있는데 상용 드라이버에서도 사용되고 있다.

그림 6.8 드라이버 모듈과 PCB와의 조립

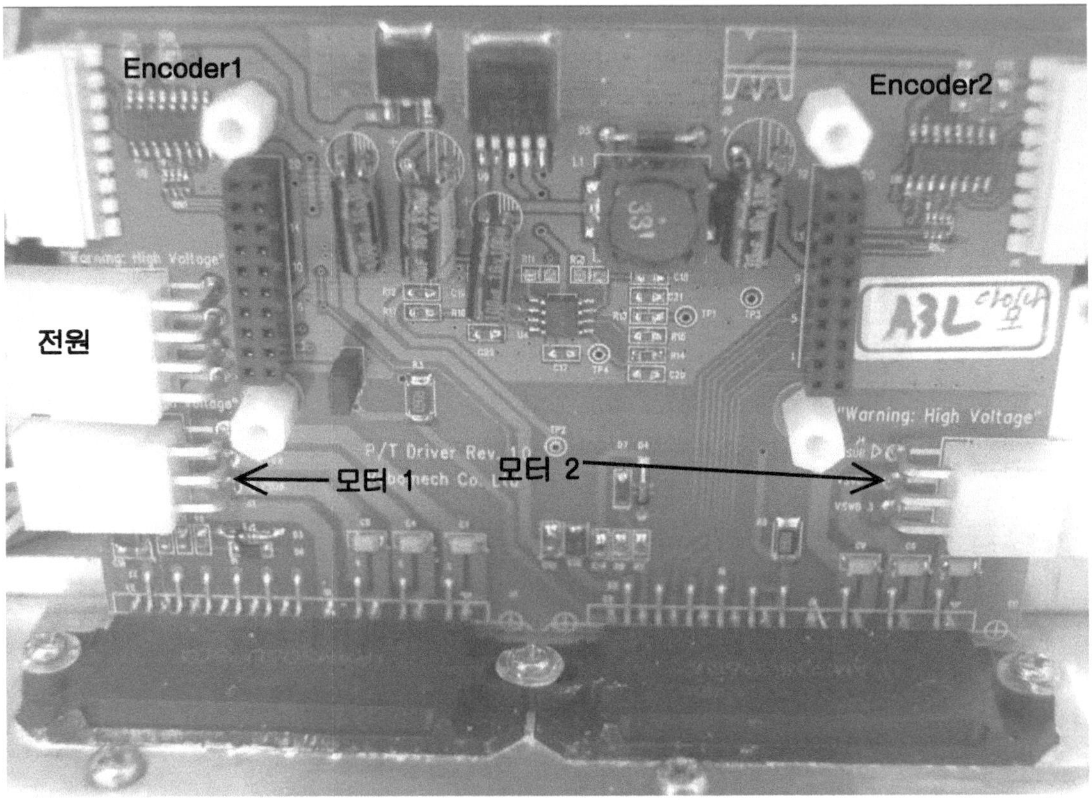

그림 6.9 두 개의 모터 드라이버가 실장된 드라이버 보드(아래판을 이용하여 방열된다)

예를 들어 삼성 로크웰의 AC서보 드라이버는 미스비시의 드라이버 모듈을 사용하고 있는 것으로 확인되었다. Fairchild사에서도 이와 유사한 드라이버 모듈이 판매 되고 있는데 “Smart Power Module”이라는 명칭으로 부르며 IR사보다 다양한 용량(75 V-600 V)의 것들이 판매되고 있다.

그림 6.11에는 IRAMS06UP60의 내부회로를 보였는데 내부의 구성은 다음과 같다.

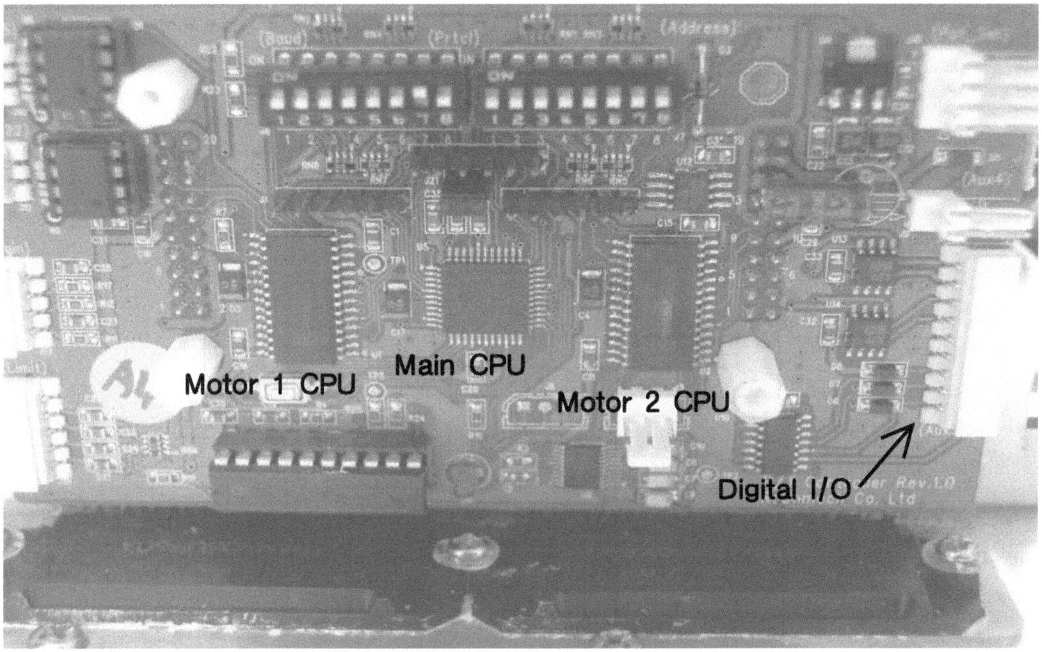

그림 6.10 드라이버와 컨트롤러가 조립된 사진

1. 6개의 IGBT
2. 6개의 IGBT구동을 위한 Gate Driver
3. IC온도를 측정하기 위한 Thermister

IC의 온도를 측정하기위한 Thermister가 내장되어 있기 때문에 이를 이용하여 드라이버 IC의 온도를 측정하고, IC의 온도가 높은 경우에는 적절한 조치를 취할 수 있다. 내부에 이러한 회로가 내장되어 있기 때문에 외부에는 전원회로와 전류 측정회로, PWM발생회로(통상 CPU내장), AD 변환기(통상 CPU내장된 것을 사용) 정도만 있으면 AC 서보 모터의 구동이 가능하다.

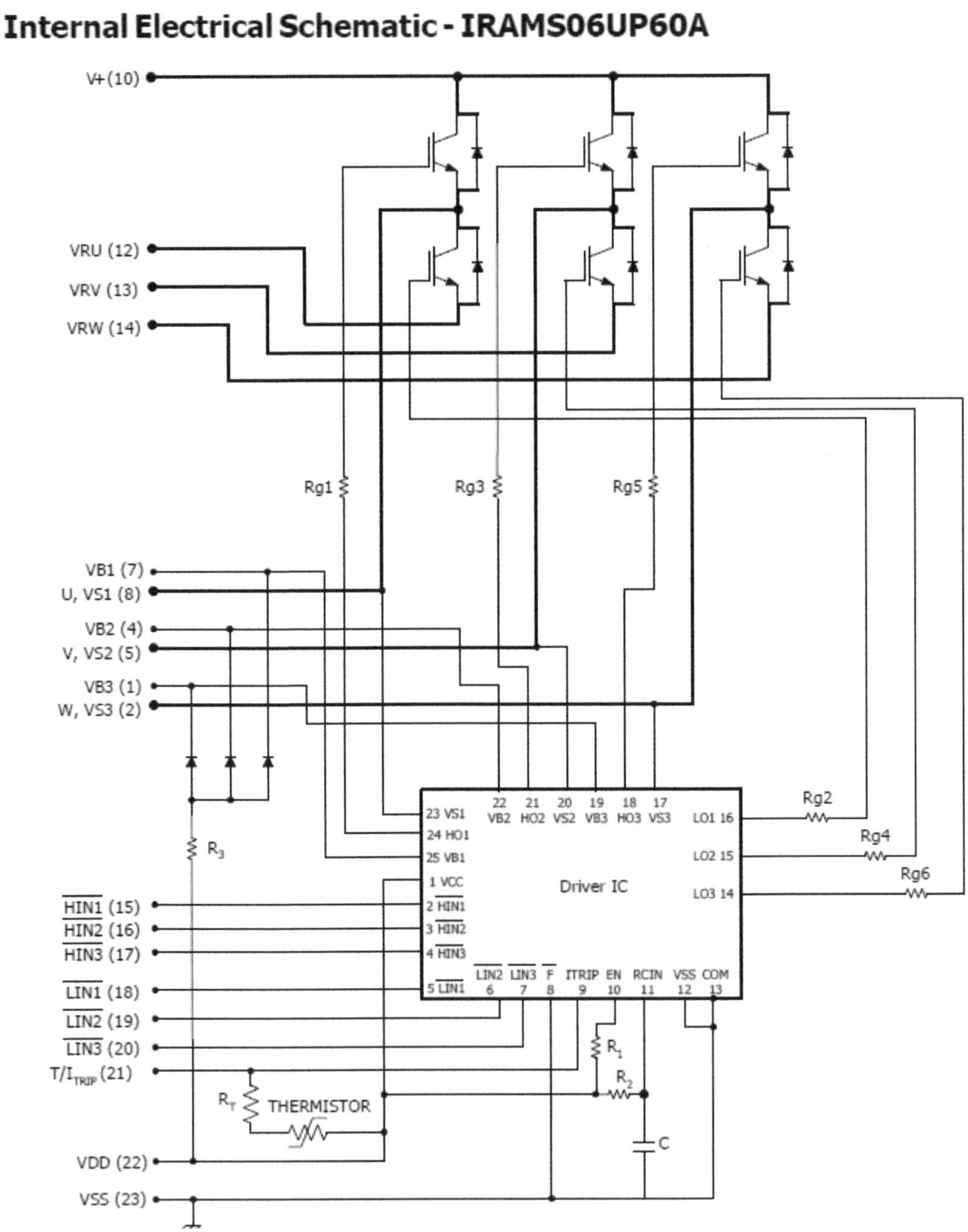

그림 6.11 IRAMSUP 시리즈의 내부 회로(IRAMS06UP60의 데이터시트에서 인용).

6.4 상용 드라이버의 사용

300 Watt 이하의 AC 서보 모터를 사용하는 경우에는 상용으로 판매하고 있는 모터 드라이버의 가격이 50-100만원대 수준이기 때문에 소량이 필요한 경우에는 상용 드라이버를 사용하는 편이 경제적이다. 상용 드라이버를 보통의 용도로 사용하는 경우에는 거의 모든 상용 드라이버의 사용법이 유사하다. 따라서 여기에서는 상용 드라이버의 사용법을 간단히 설명하고자 한다. 실제로 상용 드라이버를 사용하고자 하는 경우에는 모터 드라이버의 사용자 설명서를 읽고 숙지한 후 사용하여야한다. 여기에서는 사용법을 좀 오래 되었지만 삼성 로크웰 의 AC 서보 모터 드라이버 사용법으로 한정하여 간단하게 설명한다. Capstone Design을 수행하는 경우에도 상용 드라이버를 사용하면 크기는 좀 커지지만 좋은 성능의 시스템을 만들 수 있다.

◈ 모터드라이버의 동작 모드:

1. 속도 모드:

   외부에서 속도명령을 전압 형태(다른 형태도 있다)로 입력해 주면 모터 드라이버는 속도를 제어하면서 모터를 회전 시킨다. 가장 많이 사용하는 모드인 듯하다. 컨트롤러는 모터 드라이버에서 제공되는 엔코더 신호를 이용하여 위치 제어를 하는 경우에 많이 사용한다.

2. 위치모드:

   외부에서 위치 명령을 모터 회전 방향(CW/CCW) 과 펄스를 주면 모터가 회전한다. 마치 분해능이 높은 스텝모터를 회전하는 것과 같이 회전시킬 수 있다.

3. 토크모드:

   외부에서 토크명령을 전압 형태(다른 형태도 있다)로 입력해 주면 모터 드라이버는 토크를 제어하면서 모터를 회전 시킨다. 외부에 부하가 거의 없는 경우에는 모터가 고속으로 회전할 수 있기 때문에 이 모드를 사용하는 것은 주의를 요한다. 모터 드라이버의 제작사에 따라서는 이 모드를 사용하지 못하게 해놓고, 특별히 사용자가 이 모드를 원하는 경우에만 이 모드를 사용할 수 있도록 만드는 경우도 있다. 잘 사용하지 않으면 상당히 위험하다.

이러한 세 가지의 드라이브 모드에 대한 제어 블록 다이어그램과 관련된 설명은 3장을 참조한다.

상용의 모터 드라이버는 제어 이득을 정할 때 Autotuning 방법을 사용하는 경우가 많다. 이 Autotuning 방법을 사용하면 적절한 PID 제어 이득을 적절하게 설정하여 주지만 최적의 이득으로 설정해 주지 못한다. Autotuning을 해주고 난 이후에도 계단응답이나 실제 시스템의 반응(성능)을 보면서 PID게인을 조금 더 조절해 주어서 최적의 이득을 구해 주는 것이 좋다.

상용 서보 드라이버를 이용하여 위치제어나 속도 제어를 가능하도록 하기 위하여 상용 드라이버에서는 속도와 토크 모니터링 단자를 제공하며, 또한 엔코더 신호를 사용할 수 있도록 해준다. 분명히 상용 드라이버는 범용성을 지향하여 만들었기 때문에 좀 무게가 있고, 부피가 커지는 단점이 있지만 사용하기에는 편리하다.

6.5 AC 서보 모터의 제어용 CPU의 선정

◈ AC 서보 모터의 제어를 위해서는 다음의 기능이 있어야 한다.

1. 6채널 이상의 PWM, 가능하면 Center Aligned PWM이면 좋다.
2. Quadrature Encoder Interface(QEI): AC 서보 모터는 대부분 Encoder 를 사용하기 때문에 이 기능에 내장되어 있는 것이 거의 필

수적이다. 이 기능이 없으면 외부에 Encoder용 전용칩을 부착하거나 다른 IC들을 이용하여 이에 상응하는 기능을 만들어 주어야한다. 만일 엔코더 전용 칩을 따로 구매하여 사용한다면 QEI 기능이 내장되어 있는 CPU보다 더 비싼 가격이 될지도 모르기 때문이다.

3. 4Ch정도의 AD변환기: 3개 권선으로 흐르는 전류를 측정하기 위하여 3채널이 필요하고, 온도를 측정하기위하여 하나의 채널이 필요하다.
4. 두 개의 타이머: 주기적인 인터럽트를 발생시키기 위하여 사용한다. 주기적으로 PID제어 루프를 실행하여야하기 때문이다.
5. Watch Dog Timer: 만일 CPU가 오동작을 하게 되는 것을 방지하기 위한 것이다.

◈ **다음의 기능은 시스템을 구성하는 방법에 따라 필요한 경우가 있는 기능들이다.**

1. RS-232 통신: 프로그램을 개발할 때에 디버거를 사용하는 것이 좋지만 종종 RS-232를 이용하여 드라이버 프로그램의 상태를 알아보는 것이 편리할 때가 있으며, 때로는 RS-232,422,485등으로 명령을 수신하는 경우도 있다.
2. CAN 통신: CAN통신을 하는 경우에 필요. CANopen 등의 구현을 위하여 필요한 경우가 많다.
3. 부가적인 AD 변환기: Analog 명령을 수신하여 동작하는 경우에 사용할 수 있다.
4. IIC, SPI통신: Host controller CPU와의 통신을 이 방법을 사용할 때에 필요하다.
5. 부가적인 디지털 입출력: 리미트 스위치 입력을 받거나, 점퍼 세팅에 의하여 드라이버의 모드를 바꾸는 등의 용도로 사용된다.
6. Ethernet: TCP/IP 통신을 이용하여 동작하는 시스템을 구성할 때 필요하다.

어떠한 CPU를 선택하여 사용할 것인가는 시스템의 구성에 따라 달라지겠지만, 대체로 소비전력은 문제되지 않는다. 이러한 기능을 가진 CPU의 종류는 많다. 대체로 일반용도(General Purpose)의 CPU는 모터 제어용으로 맞지 않는다. 일반용도의 CPU는 Timer기능과 PWM기능을 가지고 있는 경우는 많은데 QEI기능이 없기 때문이다. 따라서 QEI기능이 있으면 사용할 수 있다고 보아도 좋다. CPU의 성능은 8 비트 - 16 비트에 20 MHz정도이면 되지만 CPU가 다른 부가 기능을 하면 그만큼 더 성능이 좋은 것으로 사용해야 하는 것은 당연하다.

1. Microchip: PIC24계열, dsPIC30 계열, dsPIC33계열에서 QEI 기능이 있는 CPU를 선정하여 사용하면 된다. dsPIC33 계열에서는 MC가 들어간 CPU들이 이에 속한다. 약 60종류의 CPU가 있으므로 Flash용량, RAM용량은 물론 동작 전압 등을 고려하여 선택하여 사용할 수 있다. Quadrature Encoder Interface가 두 개 내장된 CPU는 DC 서보모터를 두 개 구동할 수 있다.
2. Luminary Micro: LM3S계열의 CPU에서 역시 QEI기능과 PWM기능을 기준으로 선택하면 된다. 다양한 등급의 CPU중에서 선택할 수 있다.
3. Texas Instrument: TMS320 계열에서 18종류가 QEI기능과 충분한 PWM기능을 가지고 있다. 대체로 10달러 이상의 가격대이지만 4 - 5 달러 대의 것도 있다. 속도가 60 MH이상에서 동작하는 32비트 DSP이므로 높은 사양이 필요한 경우에 사용할 수 있다. Otis에서는 TMS320VC33을 이용하고 있다고 알려져 있다

STmicroelectronics는 Encoder 입력을 일반 타이머를 이용하여 Interface하고 있기 때문에 많은 종류의 CPU를 선택할 수 있을 것이다. NXP사에서는 LPC17계열(Arm Cortex M3, 100 MHz) LPC29계열(ARM968 Core, 80 -125 MHz)에서 Quadrature Encoder Interface가 제공된다. 이러한 CPU들은 모두 사용할 수 있다고 보인다. Atmel에서는 Xmega Series에

Encoder Interface기능이 있다고 한다.

일본의 미스비시에서도 HD64F7065F60(32 bit Floating Point DSP, 78 MIPS)등의 DSP가 모터 드라이버용으로 사용되고 있다고 한다. 삼성 로크웰의 경우에는 로크웰의 CPU를 사용하고 있다. 상용 드라이버의 경우에는 대부분 DSP를 제어 CPU로 사용하고 있는듯하다.

이외에도 많은 회사의 CPU(DSP)가 가용할 것으로 보이지만 보다 자세한 내용은 독자들의 검색 능력에 맡긴다.

6.6 AC 서보 모터의 제어 프로그램

AC 서보 모터의 경우에는 PMSM모터와 같이 Center Aligned PWM을 사용한다. PWM의 설정이나 엔코더 Interface의 설정, A/D 변환기, Timer, DMA(Direct Memory Access, 이 기능이 있으면 편리하지만 없어도 제어하는 데에 큰 문제는 없다)의 설정 등은 모터 드라이버를 설계하는 설계자의 몫이 된다. 사용하는 CPU마다 설정과 사용 방법이 다르기 때문이다.

서보 제어 루프에 관하여서는 3장의 DC 서보모터 드라이버에서 설명한 바 있다. AC서보 모터의 경우에도 이러한 제어루프는 동일하게 적용된다. 따라서 AC서보모터의 제어 프로그램은 DC서보 모터의 제어 프로그램과 그 구조는 다르지 않다. 다만 공간 벡터제어를 하는 부분만 다를 뿐이다.

여기에서는 일반적인 AC서보 모터 드라이버의 프로그램 구조에 관하여 설명한다. 여기에 설명하는 대부분의 내용은 DC 서보모터에도 동일하게 적용된다. 또한 엔코더를 사용하는 부분만 제외하면 BLDC모터의 제어에도 동일하게 적용될 것이다. 사용하는 CPU는 dsPIC33FJ64MC802이다. 40 MHz의 동작속도, 64 Kbytes의 Memory, 16 Kbytes의 SRAM, QEI, PWM 8채널, 10비트 AD 8Ch, DMA 4채널 등을 가진 DSP이다. 1차로 동작하는 프로그램을 마친 시점에 메모리 사용량은 Flash 16 kbytes정도, SRAM은 5 Kbytes정도 소모되었다. 물론 프로그램은 서보모터만을 제어 하는데 사용된 것이 아니고, RS - 232를 통한 명령의 수신과 해석, IIC를 통한 명령의 수신과 해석 그리고 디지털 입출력의 관리 등이 포함되어 있기 때문에 이 정도의 메모리를 소모한 것이다.

6.6.1 서보 프로그램의 구조

여기에서 예로 살펴 보고자하는 서보 제어 프로그램은 속도형 서보제어기이다. 따라서 내부에서는 전류 제어루프와 속도 제어루프가 동시에 돌아가고 있다. 전류제어 루프는 0.4 msec 마다 타이머인터럽트가 걸려서 수행하도록 되어 있다. 네 번의 전류제어가 행해지면 속도 제어가 수행되도록 되어 있다. 따라서 속도 제어루프는 1.6 msec의 샘플링 시간을 가지고 있다. 먼저 main 프로그램의 수행 순서를 살펴본다.

1. Clock 초기화
2. I/O Port 초기화
3. Initialize UART(RS-232)
4. 초기 Hall Sensor위치 읽기
5. 하드웨어 점검.
6. Motor PWM 초기화/활성화
7. QEI초기화
8. AD변환기 초기화/활성화, DMA초기화/활성화
9. Encoder초기화(영점 찾음), 엔코더 점검.
10. Timer 1초기화 : 전류제어와 속도제어가 시작됨.
11. IIC통신 초기화/활성화
12. Endless While Loop

1-11까지는 초기화 과정이며 12에서 무한 루프를 돌면서 전류 제어와 속도 제어를 행한다. 1-11과정은 순서대로 수행할 필요는 없지만 전류제어

와 속도 제어는 12단계의 바로 전에서 활성화되는 것이 좋다. 이 프로그램에서 IIC동신을 12단계직전에 초기화시키는 것은 IIC동신이 정상화 되면 시스템 제어기가 서보 제어기가 정상화 되었다는 것을 감지하여 그때부터 명령을 주는 방식으로 동작하기 때문이다. 5단계의 하드웨어 점검에서는 센서선의 단선 등을 검사한다. 9단계에서는 엔코더의 단선까지 검사한다. AD변환의 결과는 DMA기능을 사용하여 특정 변수에 언제나 AD변환의 결과가 저장되도록 하였다.

12단계의 Endless While Loop은 다음과 같이 간단한 구조로 되어 있다.

```
while(1)
{
 Speed_Control(); // Speed Control이 필요한 시간에만 수행된다.
 Current_Control();// Current Control이 필요한 시간에만 수행된다.
 // 남는 시간에는 안전검사, 과전류, 제어실패, 리미트 스위치검사...등등을
수행한다.
 Supervisory_Control();
 T1_tick_new=0;
 command_interpreter();    // 외부의 명령을 받아 해석한다.
}// end while
```

제어 주기와 관련된 것은 Timer 1 Interrupt를 이용한다. Timer 1 Interrupt의 Pseudo code는 다음과 같다.

```
void _T1Interrupt( void )
{
        read_encoder();// 엔코터 값을 읽는다.
        calculate_current_position();// 모터의 회전수를 포함한 현재의 위치를 계
산한다.
        calculate_speed();// 모터 속도를 계산한다.
        read_current();// 전류를 읽는다.
        // 과전류의 크기와 시간에 따라 모터를 정지시키거나...
```

```
        protect_overcurrent();
        // current control을 해야하는지, Speed control을 해야하는지 판단함.
        decide_cur_speed_control();
}
```

전류를 제어할 때에는 5장에서 설명한 공간 벡터 제어 방식을 사용한다. 공간 벡터 제어를 하는 경우에는 삼각함수를 사용하게 되는데 삼각함수는 Table Look Up방식을 이용한다.

이러한 일련의 프로그램의 양은 C 언어를 사용하였을 때 관리 프로그램을 제외하고 약 2500라인 정도이다. 핵심적인 제어프로그램은 100라인이 안되고, 나머지는 하드웨어 시험, 제작한 함수의 시험 등을 위한 프로그램이 차지한다. PID의 연산을 하는 경우에는 제공되는 라이브러리를 사용한다. 사실 삼각함수의 계산도 제공되는 라이브러리(Library)를 사용하도록 되어 있는데, Table Look up 방식과의 속도 비교는 못하였다. 하지만 사용한 Table Look up 방식은 Flash Memory를 소비한다는 단점이 있는 것만은 사실이다. 다음은 제공되는 PID제어 리이브러리의 설명이다.

6.6.2 PID연산 라이브러리

이러한 라이브러리는 DSP기능을 사용하기 때문에 빠르게 연산이 가능하다. 그러나 연산의 전후에는 DSP라이브러리에 맞도록 Scaling해주어야하는 불편함이 있다. 그러나 floating point연산을 하는 것보다는 훨씬 빠른 속도로 연산이 가능하다. Scaling해주는 부분까지 포함하여 수 usec이내에 연산이 가능하다. 다음 그림에는 DSP라이브러리가 사용하는 PID의 구조가 나타나 있다. 당연히 이산시간(discrete time)제어이다. 이산 시간 제어시 PID는 몇 가지 변형으로 표현할 수 있지만 다음과 같이 표현 할 수 있다.

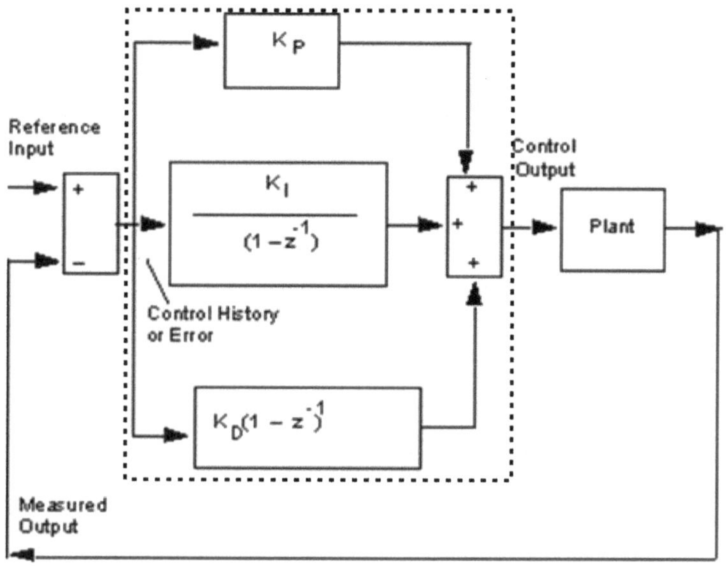

그림 6.12 DSP 라이브러리가 사용하는 PID 연산 구조.

그림 6.12에서 PID연산을 해주는 부분은 점선 안의 부분이다.

```
controlOutput[n] = controlOutput[n-1]
   + controlHistory[n] * abcCoefficient[0]
   + controlHistory[n-1] * abcCoefficient[1]
   + controlHistory[n-2] * abcCoefficient[2]
```

여기에서 abcCoefficient는 다음과 같이 결정된다.

```
abcCoefficients[0] = Kp + Ki + Kd
abcCoefficients[1] = -(Kp + 2*Kd)
abcCoefficients[2] = Kd
```

그리고 다음과 같이 표현되는 오차를 사용한다.

ControlHistory[n] = MeasuredOutput[n] - ReferenceInput[n]

다음과 같은 구조체를 사용하며, 이구조체는 PID라이브러리의 입력과 출력이 포함되어 있다.

```
typedef struct {
  fractional* abcCoefficients;
  fractional* controlHistory;
  fractional controlOutput;
  fractional measuredOutput;
  fractional controlReference;
} tPID;
```

여기에서는 K_p, K_i, 그리고 K_d를 정하는 방법에 관하여서는 설명하지 않는다. 이러한 부분은 자동 제어책을 보면 너무나 잘 나와 있기 때문이며, 짧은 지면을 통해서 이러한 이득을 계산하는 방법을 설명한다는 것은 불충분 할 수밖에 없기 때문이다. 사실 학부에서 배우는 자동제어의 목적은 이러한 PID제어를 어떻게 잘할 것인가를 배우는 것이다. 책에 따라서는 Lead 보상기나 Lag 보상기 등을 설명하기도 하지만 이들도 모두 PID제어의 범주에 드는 것이다. 이렇기 때문에 PID 이득을 결정하는 방법은 시간 응답을 보는 방법을 포함하여 근궤적, 등등 교과서에 소개된 방법중의 한 두 가지를 선택하여 사용할 수 있다.

이 설명으로 PID를 이용한 AC서보 모터의 설명을 마치려 한다. 의도적으로 설명을 생략한 부분이 있는데 역률 보정(Power Factor Correction, PFC)이다. 그러나 PFC는 구현이 안되도 어느 정도 모터의 성능은 낼 수 있다. 따라서 PFC를 구현하는 부분은 독자들의 노력에 맡긴다.

6.7 AC 서보 모터 관련 자료

AC 서보 모터의 드라이브 이론은 공간 벡터 제어이기 때문에 BLDC (PMSM) 모터와 완전히 동일한 문헌을 참고할 수 있다. 10년 이전만 하더라도 AC서보 모터의 제어는 하나의 기술이었지만 지금은 일반화된 상식 수준이 되어 버린 느낌이다. 하지만 상용 드라이버에서는 각 회사가 보유한 기술을 접목 시키고 있다. 이득의 autotuning이나 위치제어의 경우 진동 없이 정지하는 기술이 이에 속한다. 이 책에서는 이러한 기술에 관하여서는 설명하지 않았다.

우리나라에서는 일찍이 삼성전자에서 드라이버를 만들어서 타마가와 모터와 결합하여 자사에서도 사용하면서 판매하고 있었으나 로크웰 삼성으로 되었다가 이제는 로크웰로 바뀌었다. 다사테크에서도 AC 서보 드라이버를 다른 모터와 결합하여 사용하기도하고 판매도 하는 듯 하지만 판매가 활발하지는 않은 듯하다.

코모텍 에서는 모터만을 전문적으로 생산하고 있으며, 필요한 경우 파나소닉이나 로크웰 등의 모터 드라이버와 묶어서 판매하고 있다. LS 그룹의 일원이 된 LS 메카피온에서도 AC 서보 모터와 드라이버를 판매하고 있다.

파나소닉 모터, 로크웰 모터, 산요모터, 타마가와 모터, 미스비시 등의 사이트에서는 각 사들이 판매하고 있는 모터와 드라이버에 관한 자료를 수없이 찾아 볼 수 있다. 해외의 업체는 수도 없이 많기 때문에 일일이 거론하기 힘들다.

인터넷에는 BLDC모터에 관련된 자료들은 수없이 많지만 AC서보 모터를 제어하는 방법에 대한 자료는 그리 많지 않은듯하다. 사실 PMSM을 구동할 수 있으면 AC서보모터를 구동하는 것이 너무나 쉽기 때문일지도 모른다. 따라서 BLDC모터 구동에 관련된 자료는 모두 AC서보모터의 제어에 도움이 되지만 여기에서는 몇 가지 자료만 나열한다.

1. Space vector modulation using 8-bit ST7MC microcontroller and ST7MC-Kit/BLDC starter kit. St microelectronics AN2154

2. Sensorless Field Oriented Control of PMSM Motors, Microchip Application Note 1078
3. Sinusoidal Control of PMSM Motors with dsPIC30F DSC, Microchip Application Note 1017
4. Sensorless Brushless DC Motor Reference Design. Silicon Labs Application Note AN208

서적의 경우에도 BLDC 관련된 것이면 AC서보 모터의 제어에 모두 도움이 되지만 여기에서는 직접적인 도움이 되는 책을 소개한다.

1. "AC サボシステムの理論と設計の實際", 總合電子出版社, Hidehiko Sugimoto, Masato Koyama and Shinzo Tomai, 1990.
2. "Vector Control of AC Machines", Clarendon Press, Peter Vas, 1990.

저자후기

최근에는 학생들이 Capstone Design을 수행하거나 졸업 작품을 만드는 일이 많아졌다. 아마도 전국의 거의 모든 공대생들이 이러한 작업을 수행하여야 졸업이 가능해 지는 것 같다. 이러한 작품을 설계하거나 만들면서 학생들은 무언가 움직이고 동작하는 대상을 선택하는 일이 많은데, 이때에 겪는 어려움중의 하나가 움직이게 하는 동력원 중의 하나인 모터를 구동하는 일이다.

나는 모터의 전문가라고 자처하기에는 부끄러운 면이 많다. 그럼에도 불구하고 최근 3 년 동안 DC모터 드라이버와 BLDC모터 드라이버를 개발하는 일을 국책 프로젝트로 수행하게 되었고, AC서보 드라이버의 개발 프로젝트를 업체와 함께 수행하게 되었다. 이러한 경험을 바탕으로 학생들이 간단하게 모터를 구동해 볼 수 있도록 도와 줄 수 있는 자료를 만들어 보고자했던 노력의 결과가 이 책으로 나타났다. 의도적으로 수학적인 접근은 피하였고, 복잡한 전자기학을 동원하거나 동력학적인 모델링 등은 피하도록 노력하였다. 따라서 학술적인 가치는 적으나 캡스턴 디자인 등을 수행하는 학생들에게는 실무적으로 도움이 될 수 있는 책이 되었으면 하는 것이 나의 작은 소망이다.

찾아보기

L

M

P

Q

R

S

T

ㄱ

이정우 강원대 교수

서울대학교 기계설계학과

KAIST 기계공학과 석사

KAIST 기계제어 연구실 박사

1982~88 한국전자통신연구원/연구원

1988~98 기아자동차 로봇 및 자동화 연구팀/팀장

1998~ 강원대학교 메카트로닉스 공학부/교수(현)

Capstone Design을 위한

모터드라이버 설계와 제작

2010년 5월 15일 초판 인쇄

2016년 9월 20일 3 쇄 발행

저 자 이정우

발 행 인 송기수

발 행 처 도서출판 GS인터비전

편 집 처 도서출판 GS인터비전

등록번호 제 25100-2016-000050호

I S B N 978-89-93668-58-2 (92550)

주 소 서울 은평구 증산로 15길 69, 2층

전 화 02-976-7898, 0707-720-7898

팩 스 02-6468-7898

이-메일 gsinter7@gmail.com

홈페이지 www.gsintervision.co.kr

정 가 15,000원